100 Blumen

Dorothea Laske

Die bekanntesten Wild- und Gartenblumen

KOSMOS

Warum man 100 Blumen kennen sollte

Jedes Jahr, wenn der Frühling erwacht und die ersten Blumen mit ihren zarten Blättern und Blüten durch braunes Laub und verwelktes Gras zum Licht streben, stellt sich für viele Menschen die Frage: „Welche Blume blüht denn da?“ Im Lauf des Jahrs wiederholt sich diese Überlegung, nicht nur angesichts einer Blume in der Natur, sondern auch bei einem neugierigen Blick über den Gartenzaun.

Dieses Buch wendet sich an alle, die Freude an Blumen haben, sie kennen und benennen wollen. Es ist ganz einfach aufgebaut. Botanische Vorkenntnisse sind nicht erforderlich. Die Pflanzen sind nach ihren Blütenfarben und Blütenformen geordnet. Jede Blume wird in einem ganzseitigen Porträt vorgestellt. Hier finden sich Angaben zur Familie, Blütezeit und Wuchshöhe. Unter dem Stichwort „Merkmale“ sind einige sichere Kennzeichen angegeben. Nicht immer konnten Fachausdrücke vermieden werden. Deshalb sind im nebenstehenden Schema die wichtigsten Teile einer Blütenpflanze dargestellt.

FACHAUSDRÜCKE IM BILD

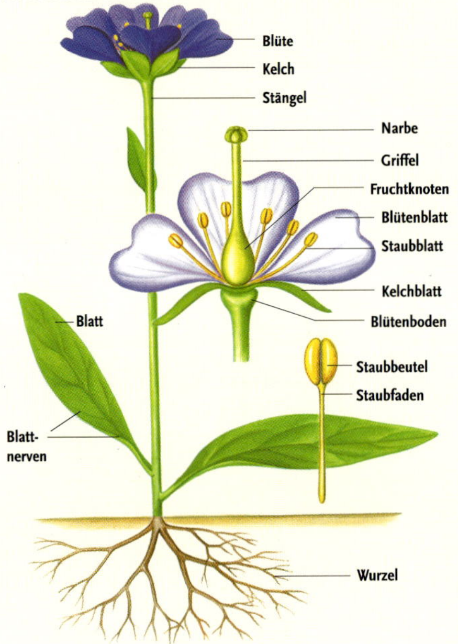

Die ausführlichen Texte gehen auf einzelne Geschichten, Märchen, Aberglauben, Heilkräfte oder auf andere Besonderheiten der Blumen im Leben der Menschen ein. Die jeweilige, oft etwas ungewöhnliche Überschrift soll dazu beitragen, die entdeckte Blume nie mehr zu vergessen. So ist das „Modell für die Kirchenglocken“ die Glockenblume und hinter „Dem Feuer folgt das Feuer“ verbirgt sich das Schmalblättrige Weidenröschen. Von einigen Ausnahmen abgesehen wurden für dieses Buch die 100 häufigsten Blumen zwischen Meeresstrand und Alpen ausgewählt. Wo möglich, wird auf ihre Verwendung im Garten oder auf verwandte attraktive Gartenblumen hingewiesen.

Von Zauberblumen und ihren geheimnisvollen Kräften

Blumen sind eng mit dem Leben der Menschen verbunden. Viele von ihnen hatten und haben noch heute in Brauchtum und Aberglauben ihre Bedeutung. Sie gaben Auskunft über die Chancen in der Liebe, verkündeten den Hochzeitstermin oder die Geburt eines Kindes. Den Alchimisten galten einige als magische Blumen, die sie bei ihren geheimnisvollen Experimenten, aus unedlen Metallen Gold herzustellen, einsetzten. Andere Blumen dienten, unter das Dach gehängt, als Blitzableiter oder schützten, am Feldrand aufgestellt, die Ernte vor Gewitter, Sturm und Hagel.

Feldränder sind oft die einzigen Rückzugsflächen für viele Blumen.

Die Menschen trugen Kräuter gegen den bösen Blick oder Verwünschung durch Hexen und Zauberer bei sich. Sie schützten Haus und Hof vor Unglück und Krankheiten mit geweihten Blumensträußen. Noch heute werden in einigen Regionen zu Mariä Himmelfahrt Blumen- und Kräutersträuße in Kirchen geweiht und nach Hause getragen.

Was Nonnen, Mönche und Kräuterfrauen wussten

Bevor Apotheken und Pharmaindustrie ihre Pillen, Pulver und Salben mixten, lieferte die Natur die Arzneien. Lange Zeit waren es nur die Heilkundigen, die sich unter den heimischen Pflanzen auskannten.

Viele Heil-, Gewürz- und Nahrungspflanzen gelangten durch Handel und Verkehr nach Mitteleuropa und bereicherten die vorhandene Pflanzenwelt. Mit ihnen kam auch das arzneiliche Wissen der Antike über die Alpen. Einige der Pflanzen wurden für die Herstellung von Arzneien wild gesammelt, andere in Gärten kultiviert. Die Mönche und Nonnen legten in ihren Klöstern die ersten Arznei- und Kräutergärten nördlich der Alpen an. Darin wuchsen Malve, Salbei und Thymian stets in reichlicher Menge. Rosen, Veilchen, Nelken und weitere Duftpflanzen blühten in der Nähe der Krankenstation, denn den Mönchen und Nonnen war die heilende Wirkung der Blumendüfte bekannt.

Wildsammlungen von Heilpflanzen sind teilweise noch heute üblich.

Das Wissen der Pflanzenmedizin ging teilweise in die Volksmedizin über. Die Heilkräuter gelangten allmählich in die Bauerngärten, aus denen einige ausbüxten und verwilderten. Andere Blumen wurden, wie die Wilde Möhre, zu Gemüse oder, wie der Färberwaid, zu zeitweilig lukrativen Färberpflanzen weitergezüchtet.

Die großblütigen Verwandten der Wiesen-Margeriten sind häufig in den Gärten zu bewundern.

Schönheit wird erkannt

Erst seit dem 16. Jahrhundert hegt und pflegt man Blumen ihrer Schönheit, außergewöhnlichen Form oder Seltenheit wegen. Universitäten ließen botanische Gärten anlegen. Bischöfe, Kaiserinnen, Könige und Fürsten demonstrierten mit ihren Pflanzensammlungen ihr naturwissenschaftliches Interesse und ihre Weltoffenheit. Einige Sammlungen wurden in wertvollen, wunderbar kolorierten Blumenbüchern verewigt. Heimische Wildblumen, aber auch Blumen aus fernen Ländern, wurden gepflanzt, ausgewählt und der jeweiligen Mode entsprechend weiter gezüchtet. Es entstanden die verschiedensten Farbtöne, dazu geflammte, gefranste, kleine und große Blüten. Daher sind nicht selten Wildblumen und Gartenblumen mal mehr, mal weniger miteinander verwandt. In Mitteleuropa, vor allem in den Vereinigten Niederlanden, entstand in jener Zeit ein neuer Wirtschaftszweig, die Blumenzucht und der Blumenhandel.

Für jede Blume den richtigen Standort

Jede Blume benötigt ihren speziellen Standort. Eine Sumpf-Dotterblume wächst dauerhaft nur auf nassen Wiesen, das Edelweiß auf sonnigen Steinrasen in luftigen Berghöhen. Der Breit-Wegerich braucht den durch Tritt verdichteten Boden. Die einen benötigen die wärmende Sonne, die anderen lieben den kühlen Schatten. Kalkhaltiger oder saurer Boden, ein reiches Nährstoffangebot oder -mangel, Feuchtigkeit, Trockenheit und noch verschiedene andere Faktoren wirken sich auf die Pflanzengesellschaften und ihre Arten aus.

„In lichten Wäldern und Gebüschen ..."
Im zeitigen Frühjahr entdecken wir im Wald und unter Gebüschen die ersten Blumen. Durch die unbelaubten Zweige hat die Sonne den Waldboden erwärmt. Busch-Windröschen, Scharbockskraut, Lerchensporn und Märzenbecher schieben sich empor und entfalten ihren Blütenteppich.

Diesen Frühstart ermöglichen ihre Zwiebeln, Wurzelknollen oder verdickten Endsprossen. Sobald der Laubvorhang das Sonnenlicht aussperrt, ziehen sie sich in den Waldboden zurück. Dann erscheinen Fingerhut, Wald-Ziest, Haselwurz und andere Waldblumen. Sie besitzen

Blumenreiche Streuobstwiesen sind Lebensraum für viele Tiere und bereichern das Landschaftsbild.

viel mehr Blattgrün und können daher Schatten besser vertragen. Doch auch sie benötigen etwas Licht. Daher sind sie auf Lichtungen und Schneisen, an Waldwegen und Waldrändern anzutreffen.

Natürlich sind die Waldstandorte sehr unterschiedlich. Wie überall spielen die einzelnen Standortbedingungen eine wesentliche Rolle. Sie bestimmen das Auftreten der verschiedenen, im Alter hallenartigen Buchenwälder. Sie prägen das Gesicht der Eichenwälder, deren knorrige Baumgestalten die Geschichte von Jahrhunderten erzählen. Und sie wirken sich auf die Pflanzengemeinschaften der verschiedenen Auen-, Schlucht- und Nadelwälder aus.

Wussten Sie das?

Dass die größte Blumenvielfalt in den Alpen bestaunt werden kann? Dort kommen fast so viel Blütenpflanzenarten vor wie im gesamten Mitteleuropa. Von diesen ca. 5000 Arten sind ungefähr 450 Arten endemisch, d. h., sie wachsen nur in mehr oder weniger begrenzten Gebieten der Alpen und sonst nirgendwo auf der Erde. Während der Eiszeiten überdauerten einige Arten vor allem in den eisfrei gebliebenen Gebieten der südlichen, südöstlichen und südwestlichen Alpenränder. Nach den Eiszeiten wanderten andere Pflanzenarten über einen großen Zeitraum hinweg aus allen Himmelsrichtungen ein und besiedelten den strukturreichen Alpenraum. Heute sind leider zahlreiche Arten bereits wieder ausgestorben oder in ihrem Bestand gefährdet. Daher ist Naturschutz für die Alpen besonders wichtig.

„Ein Wiesenblumenstrauß aus Kinderhänden ...“
Wer kennt sie noch, die bunten Blumenwiesen, die für zu Hause oder für die erste Liebe den kostenlosen Blumenstrauß lieferten? Kuckucks-Lichtnelken, Mädesüß und Scharfen Hahnenfuß pflückte man auf feuchten Wiesen, ertrug dabei nasse Schuhe und aufgeschreckte Frösche. Sonnendurchwärmte, trockene Wiesen spendeten, unter dem lautstarken Gezirpe der Grillen, die Sträuße mit Skabiose, Klappertopf, Schafgarbe und Glockenblumen. Die bunten Wiesenblumen locken die Kinder noch heute. Auf einen farbenfrohen Blumenstrauß müssen sie jedoch häufig verzichten. Denn inzwischen stehen viele der schönen Blumen und

nicht selten die ganze Wiese unter Naturschutz.

Wiesen und Weiden sind vom Menschen geschaffene Standorte. Denn einst bestimmte der Wald das Landschaftsbild Mitteleuropas. Waldrodung und anschließende stetige Nutzung veränderten das Landschaftsbild. Durch den Verbiss des Viehs entstanden zuerst die Weiden. Wiesen entwickelten sich erst, als der Mensch die Geräte für die Heuernte geschaffen hatte. Seit etwa 1000 Jahren existieren Mähwiesen.

Blühende Feuchtwiesen sind selten geworden. Sie müssen deshalb geschützt werden.

Eine Standardwiese gibt es nicht. Denn die Zusammensetzung und der Reichtum an Arten ist von den vielfältigen Standortbedingungen und der Häufigkeit des Schnittes abhängig. Deshalb entstand ein breites Spektrum an Nass- und Fettwiesen, Trockenwiesen, Salz- und Bergwiesen. Heute überwiegen die saftig grünen, gut gedüngten Futterwiesen und Fettweiden. Sie sind ertragreicher und die Freude des Landwirtes. Ihnen fehlen jedoch die bunten Wiesenblumen, deren Anblick heiter stimmt und Freude schenkt.

Viele der besonders blumenreichen Standorte mussten langweiligen, grünen Flächen mit Monokulturen weichen. Daher sind Schutzgebiete für die bunten Wiesenblumen-Gesellschaften oder einzelnen Arten notwendig. Im Kleinformat lassen sich schattige Strauchzonen, kleine Blumenwiesen, felsige Beete, trockene Hänge, Sumpfbeete oder Teiche im Garten anlegen. Ihre Entwicklung zu beobachten ist spannend und regt die Phantasie zu weiteren Aktivitäten an.

Weiße und zartrosa Blüten

Die ersten Blumen, die sachte den Frühling ankündigen, sind die Schneeglöckchen mit ihren weißen, grün berandeten Blüten. Sie schieben sich lichthungrig aus der dunklen Erde durch den weißen Schnee. Weiß war früher die Farbe der Trauer. Doch gleichzeitig symbolisiert Weiß den Anfang. Zaghaft erwacht mit dem Schneeglöckchen die Natur. Märzenbecher und Busch-Windröschen folgen.
Weiß ist im physikalischen Sinn keine eigenständige Farbe. Vielmehr ist Weiß mehr als nur eine Farbe. Es ist die Summe aller Farben des Lichts. In einem Regenbogen oder Prisma wird das weiße, das farblose Licht in seine Bestandteile, in Rot, Orange, Gelb, Grün, Blau und Violett zerlegt. Als Material ist Weiß sehr wohl eine Farbe. Es ist die vierte Primärfarbe, denn Weiß ist aus anderen Farben nicht mischbar.
Das strahlende Weiß des Frühlings-Krokus und der Margeriten entsteht nun dadurch, dass im Blütenblattgewebe unzählige, feine Lufteinschlüsse enthalten sind, die das auftreffende Sonnenlicht wie einen Spiegel reflektieren. Selbst in der Nacht werfen diese kleinen Spiegel das schwache Licht des Monds und der Sterne zurück, so dass noch im Dunkeln die weißen Blüten sichtbar sind. Danach orientieren sich nachtaktive Falter.

Waldmeister
Galium odoratum

- Rötegewächse
- April bis Juni
- 10 – 30 cm

Merkmale
Vierkantige Stängel; sechs bis acht lanzettliche Blätter in Quirlen; Blüten trichterförmig, in Trugdolden; im Verwelken angenehm süßlicher, fruchtiger Duft.

Sein Duft weckt Erinnerungen

Schon von weitem ist der angenehme Cumarinduft des Waldmeisters zu riechen. Er weckt Erinnerungen an fröhliche Gartenfeste unter blühenden Obstbäumen mit einer kühlen, erfrischenden Maibowle. Diese wird durch den Waldmeister erst so richtig aromatisch.

Bereits im Jahr 1500 stellte die Bevölkerung im Elsass und den Weinbaugebieten Deutschlands aus gezuckertem Weißwein und **Waldmeister** den anregenden Maientrank her. Ein reichlicher Genuss kann den nächsten Tag jedoch mit heftigen Kopfschmerzen verderben. Auch Fruchtsäfte und Apfelgelee erhalten durch Waldmeister eine besondere Geschmacksnote. Erst angewelkt entfaltet das blühende Kraut sein volles Aroma. Woldmeester, Waldermann, Meserich und andere Namen trägt der als Heilpflanze schon früh genutzte Waldmeister. „Sanikel, Ehrenpreis und Waldermann, heilen Lung und Leber z'samm“, wurde im Volksmund gedichtet. Unseren Vorfahren war dabei jedoch unbekannt, dass zu viel Waldmeister die Leber schädigen kann. Den Waldmeister trifft man oft teppichartig in Laubwäldern an. Im Garten leuchten seine weißen Blüten besonders schön zwischen Schlüsselblumen und blauem Gedenkemein.

Dicker Bauch ohne Festgelage

Der aufgeblasene, dickbauchige Blütenkelch verpasste der Blume ihren wissenschaftlichen Namen *Silene*. Denn der sabbernde, glatzköpfige Silenos begleitete dickbauchig und behäbig Dionysos, den griechischen Gott des Weins. Er war ein treuer stets trunkener Gefährte und nahm an jedem Fest teil.

Gewöhnliches Leimkraut
Silene vulgaris

- Nelkengewächse
- Juni bis August
- 10 – 50 cm

Merkmale
Stängel aufrecht, nicht klebrig; Blätter lanzettlich, graugrün; Blüten in Trugdolde, Blütenblätter zweiteilig, Kelch aufgeblasen mit rosa Adern; auf trockenen Wiesen und an Wegrändern.

Für das **Gewöhnliche Leimkraut** bedeutet der dicke Bauch das Überleben der Art. In ihm, am Grund der Blüte, lagert die Pflanze reichlich Nektar ein, der für ihre Bestäuber bestimmt ist. Es sind besonders die Abend- und Nachtschmetterlinge, die angelockt vom schweren, süßen, honigartigen Duft die Bestäubung verrichten. Zum Lohn erhalten sie den für ihren langen Rüssel bereitgestellten Nektar. Der dicke Bauch hindert andere Insekten daran, an die ergiebige Nektarquelle zu gelangen. Das Gewöhnliche Leimkraut ist ein zartes Wildgemüse. Die jungen Blätter und Triebe lassen sich zu Spinat, Salat oder als Suppe verarbeiten. In neu angelegten Gärten bieten sich diese Blumen blütenbesuchenden Insekten als erste Nahrungspflanze an. Ihre Verwandten, das Klippen-Leimkraut *S. uniflorum* 'Weißkehlchen' und die rosa blühende *S. schafta* 'Splendens', wachsen am besten auf Mauern, in Fugen und auf Kiesflächen.

Vogelmiere
Stellaria media

- Nelkengewächse
- März bis Oktober
- 5 – 50 cm

Merkmale

Stängel einreihig behaart, rund, niederliegend; Blätter eiförmig spitz, gegenständig; Blüten weiß, gabel- und endständig, Blütenblätter kürzer als Kelch, tief geteilt, drei Griffel; Ackerwildkraut.

Ein anhänglicher Gast im Garten

Vogelmiere ist ein anspruchsvolles Gewächs. Sie verlangt vor allem in den oberen Bodenschichten gute Luftversorgung, ausreichend Wasser und reichlich Nährstoffe. Dann wächst sie prächtig und ist sehr anhänglich. Solch wunderbare Bedingungen liefern Gärten, aber auch Mais- und Rübenäcker.

Nur ein kleiner Teil der Ackerwildkräuter gehört zu den heimischen Arten. Zu ihnen zählt die **Vogelmiere**. Sie kam bereits in der Jungsteinzeit in Mitteleuropa vor. Der größte Teil der heutigen Ackerwildkräuter ist erst später mit Handel und Verkehr eingewandert. Vogelmiere ist eine typische Zeigerpflanze für stickstoffreiche Böden. Sie macht besonders den jungen Kulturpflanzen mit ihrem üppigen Wachstum das Leben schwer. Im Wein- und Obstbau ist sie dagegen als Bodendecker erwünscht, denn sie schützt vor Trockenheit und Erosion. Vögel, besonders Hühner, fressen mit Vorliebe die grüne Pflanze und ihre Samen. Daher wird sie im Volksmund auch Hühner- oder Hennendarm genannt. In die Wildkräuterküche hat die an Vitamin C und Mineralien reiche Vogelmiere schon lange Einzug gehalten. Sie schmeckt mild und kann sehr gut als Salat zubereitet werden.

Süße, verführerische Früchte

„Walderdbeeren müsst ihr ohne / Zucker, ohne Zimt genießen, / Nicht den Essig der Zitrone, / Nicht Burgunder daran gießen", dichtete Hermann von Gilm. Schon früh war im Volksglauben diese erste Frucht des Jahrs ein Symbol für Wollust und Überfluss. Wie viel von den Früchten auch gegessen wurde, man wurde nie satt.

Wald-Erdbeere
Fragaria vesca

- Rosengewächse
- Mai bis Juni
- 8 – 15 cm

Merkmale
Blätter dreiteilig; drei bis zehn reinweiße Blüten an aufrechten, mit Haaren besetzten Blütenstielen; rote wohlschmeckende Früchte.

„Fraga vesca = die zart Duftende" nannten die Römer die **Wald-Erdbeere**. Sie wurde bereits von ihnen sehr geschätzt. In der Dichtung Ovids wurde sie als köstliche Frucht der paradiesischen Gärten aus dem Goldenen Zeitalter beschrieben. Sie ist allerdings nicht identisch mit unserer Garten-Erdbeere. Diese stammt vielmehr von der amerikanischen Wald-Erdbeere ab. Die Wald-Erdbeere trägt im Mai die typischen reinweißen Blüten. Im Juni reifen dann die erbsengroßen, aromatischen Früchte heran. Blüte und Frucht sind in dieser Zeit häufig gleichzeitig anzutreffen. Die weiße Blüte galt früher als Symbol der Reinheit und die roten, in der Sonne gereiften Früchte standen für geistiges Wachstum. Wilde Wald-Erdbeeren sollten wegen des Fuchsbandwurms nicht roh gegessen werden. Im Garten gezogen lassen sich die leckeren Früchte meist bedenkenlos genießen.

Wald-Sauerklee
Oxalis acetosella

- Sauerkleegewächse
- April bis Mai
- 5 – 15 cm

Merkmale

Blätter lang gestielt, kleeblattartig; Blüten einzeln an langen Stielen, weiß mit purpurnen Adern, am Grund gelber Fleck.

Sieht aus wie Klee und ist doch kein Klee

Noch bevor die Buchen zartgrüne Spitzen zeigen, entfaltet der Sauerklee seine kleeähnlichen Blätter. In Wahrheit ist der Sauer- oder Hasenklee kein Klee, sondern wird wegen seiner dreiteiligen Blätter so genannt. Hasen und Kaninchen lassen ihn nicht ungeschoren. Sie fressen ihn mit Stumpf und Stiel.

Auch wenn der **Wald-Sauerklee** der Frühlingssonne seine Blüten entgegenstreckt, ist er doch eher eine Schattenpflanze. Seine zarten, dünnen Laubblätter gedeihen schon bei geringer Helligkeit. In vollem Tageslicht hingegen senken sich die Teilblättchen, bei starker Besonnung sterben sie ab. Wie eine Mimose lässt der Wald-Sauerklee nach mehrmaliger Berührung seine Blättchen hängen. Schöne Sauerkleepolster findet man in schattigen Laubwäldern und Schluchten. Sie wirken besonders hübsch zwischen Laub und Moos am Rand der Hohlwege. In den Blättern lagern Oxalsäure und Alkalioxalate, die ihnen einen dem Sauerampfer ähnlichen sauren Geschmack geben. Einige Blätter im Salat geben diesem eine besondere Note. Unter Sträuchern kann die zarte Pflanze ebenso wie ihre rosa blühende Verwandte *O. oregana* im Garten gezogen werden. Die aus Mexiko stammende Art *O. tetraphylla* wird als Glücksklee verkauft.

Fast unverwüstlich, nur aufessen hilft

Wer Giersch im Garten hat, wird ihn so leicht nicht los. Da hilft nur, ihn als Dauergemüse zu betrachten und zu verspeisen. Giersch lässt sich vom Frühjahr bis Herbst ernten. Besonders gut schmeckt er jedoch vor der Blüte. Er kann als Salat mit Orangen und Walnüssen zubereitet werden.

Gewöhnlicher Giersch

Aegopodium podagraria

- Doldenblütler
- Juni bis August
- 50 – 100 cm

Merkmale

Stängel aufrecht, hohl; Blätter wechselständig, doppelt dreizählig gefiedert; Blüten in 15 bis 20 strahligen, zusammengesetzten Dolden ohne Hüllblätter.

Der **Gewöhnliche Giersch** ist ein wuchsfreudiges Gewächs, das nährstoffreichen Boden liebt. Er ist vor allem in feuchten Laub- und Mischwäldern, Gebüschen und in Gärten anzutreffen. Dort breitet er sich zum Leid der Gärtner mit seinen langen unterirdischen Ausläufern unaufhaltsam aus. Seine Wurzeln brechen sehr leicht, wobei aus jedem Bruchstück eine neue Pflanze entsteht. Giersch kann nur durch regelmäßiges Mähen oder Ernten eingedämmt werden. Eigentlich müsste er aus dem Griechischen übersetzt Ziegenfüßchen heißen. Der Name bezieht sich auf die gespaltenen unteren Blättchen des Blatts. Er wird auch Gichtkraut („Fußgicht = podagra“) genannt. Heilwirkungen gegen Gicht wurden ihm bereits in Kräuterbüchern des 15. Jahrhunderts zugeschrieben. Die zerstoßenen Blätter legte man damals zur Kühlung auf die gichtschmerzenden Körperteile.

Ein Nest ohne Vogel

Nicht alle Doldenblütler können ohne Gefahr als Wildgemüse den Speiseplan bereichern. Die Wilde Möhre hat jedoch ein sicheres Merkmal. Ihre flachen, weißen Dolden ziehen sich bei der Samenreife vogelnestartig zusammen. Deshalb taufte man sie auch Storchennest.

Wilde Möhre
Daucus carota

- Doldenblütler
- Juli bis Oktober
- 30 – 100 cm

Merkmale
Wurzel dick, weiß, typischer Möhrengeruch; Stängel behaart, hohl; Blätter zwei- bis dreifach gefiedert, behaart; Blüten in flachen Dolden.

Bereits im antiken Griechenland und Rom wurde die **Wilde Möhre** zu Speisezwecken kultiviert. Als „carota“ taucht sie im berühmten Kochbuch des römischen Feinschmeckers Apicius auf. Auch der griechische Arzt Dioskorides bevorzugte zum Verzehr die im Garten gezogene Möhre. Die Wildform setzte er dagegen, vielleicht aufgrund ihrer stärkeren ätherischen Öle, als die wirkungsvollere Arzneipflanze ein. Dioskorides beschrieb die Möhre in seinem medizinischen Werk sehr genau. Dabei erwähnte er ein weiteres typisches Merkmal, die kleine, strahlig symmetrisch blühende, schwarzpurpurne Blüte in der Mitte der Dolde. Er erkannte sie jedoch nicht als Blüte. Vielmehr beschrieb er sie als kleines purpurnes Ding in der Mitte einer weißen Blüte. Lange, spitze, runde, weiße, gelbe, orange, orangerote Möhren wachsen inzwischen auf den Feldern. Welche am besten schmecken, muss jeder für sich herausfinden.

Kinderspielzeug aus der Natur

Mit etwas Phantasie bietet die Natur Spielzeuge in großer Zahl. Die älteren Stiele des Wiesen-Bärenklaus sind hohl. Abgeschnitten und mit Löchern versehen ergeben sie eine Flöte. Etwas einfacher ist die Verwendung als Blasrohr. Mit harten Beeren kann man prima Urwaldindianer spielen.

Wiesen-Bärenklau
Heracleum sphondylium

- Doldenblütler
- Juni bis Oktober
- 30 – 150 cm

Merkmale
Stängel 5 – 20 mm dick, röhrig, kantig, gefurcht; Blätter drei- bis vierfach fiederteilig, untere bis 50 cm lang; Blüten weiß-rosa, in Dolden; strenger Geruch.

Jedoch ist Vorsicht geboten. Denn nicht jeder verträgt die im **Wiesen-Bärenklau** enthaltenen Furocumarine auf der Haut. Es sind photosensibilisierende Stoffe. Gelangt der Pflanzensaft auf die Haut, können unter Sonneneinstrahlung Hautrötungen und Entzündungen entstehen, die einem Sonnenbrand sehr ähnlich sind. Herakles, der griechische Götterheld und listiges Kraftpaket, heilte mit *Heracleum* jedoch so manches Leiden. Auch die Menschen erkannten den Wiesen-Bärenklau schon früh als Heilpflanze. In der Volksmedizin findet er noch heute bei Husten und Heiserkeit seine Verwendung. Der Wiesen-Bärenklau, sein Name spielt auf die Form der Blätter an, liebt feuchte, stickstoffreiche Wiesen und Auwälder. Unerwünscht ist sein Verwandter, der aus den Gärten entflohene Riesen-Bärenklau (*H. mantegazzianum*, kleines Bild oben). Er stammt aus dem Kaukasus und erdrückt alle Wiesenpflanzen. Nur Ausgraben hilft.

Gewöhnliche Zaunwinde
Calystegia sepium

- Windengewächse
- Juni bis Oktober
- 100 – 300 cm

Merkmale
Pflanze windend; Blätter herzförmig, wechselständig am Stängel; einzelne weiße Blüte, trichterförmig, 3 – 5 cm lang, geruchlos.

Wettervorhersage ohne Gewähr

Früher sahen die Menschen in den Blüten der Zaunwinde einen Wetteranzeiger. Denn die weißen Trichterblüten schließen sich bei trübem Himmel und Regen. Einer Sage zufolge ließ sich mit der Zaunwinde auch Regen herbeizaubern. Man musste nur die Blütenknospen knicken und damit ihr Erblühen verhindern.

Die Blüte der **Zaunwinde** ist jedoch eine unzuverlässige Wetterbotin. Sie schließt sich auch in dunkler Nacht und öffnet sich in hellen Vollmondnächten. Weit leuchten dann ihre weißen Blüten in die Dunkelheit hinaus und können wie am Tag von Insekten angeflogen werden. Die tief im Trichter liegenden Nektarkammern sind nur von sehr langrüsseligen Insekten erreichbar. Auf deren Plünderung hat sich der 12 cm große Windenschwärmer, der jährlich aus Afrika über das Mittelmeer nach Europa fliegt, spezialisiert. Er steht im Schwebeflug vor der Blüte und saugt mit seinem 9 cm langen Rüssel den Nektar aus der Tiefe empor. Die ausdauernde Zaunwinde ist im Garten unerwünscht. Das zarte Pflänzchen entwickelt sich schnell zu einer kräftigen, alles erdrückenden Schlange. Die einjährigen Prunkwinden *Ipomoea purpurea* und *I. tricolor* (kleines Bild oben) aus Süd- und Mittelamerika sind dagegen als Kletterpflanzen sehr beliebt.

Kraftspender für Mensch und Pferd

Die Eberwurz war immer eine magische Pflanze. Die Menschen glaubten mit Hilfe der gekauten Wurzel die Stärke anderer auf sich übertragen zu können. In Pferderennen versuchte man, den Rennverlauf mit Eberwurz am Mundstück der Trense zu beeinflussen.

Die Silberdistel, wie die **Große Eberwurz** auch genannt wird, ist eine seit alters genutzte, nahrhafte Wildpflanze. Ihr Blütenboden wurde ähnlich wie bei der Artischocke roh oder gekocht von der Landbevölkerung verzehrt. In der Medizin fand sie ebenfalls Verwendung. Die Erkenntnis ihrer Heilwirkung geht auf eine Legende zurück. Karl der Große war mit seinem Heer von einer schlimmen Seuche befallen. Im Traum erschien dem Kaiser ein Engel und befahl ihm, einen Pfeil in die Luft zu schießen. Die Pflanze, die der auf die Erde fallende Pfeil treffen würde, sei das heilende Kraut. Karl tat, wie ihm geheißen, und kurierte sich und seine Soldaten mit der Eberwurz. Der lateinische Name *Carlina* geht auf die Legende zurück. Heute steht die Silberdistel, die in der Ebene wie in den Alpen vorkommt, unter Schutz. Die in der Volksmedizin und in den Gärten verwendeten Pflanzen stammen aus Kulturbeständen.

Große Eberwurz
Carlina acaulis

- Korbblütler
- Juni bis September
- 5 – 30 cm

Merkmale
Stängel kurz; Blätter fiederspaltig mit Stachelspitzen, in Rosette angeordnet; Blütenköpfchen groß, im Innern weiße oder rötliche Röhrenblüten, außen ein Kranz von glänzenden silberweißen inneren Hüllblättern.

In der Nacht tanzen die Nixen

Am Morgen öffnen die Seerosen ihre Blüten, die sie bereits um 16 Uhr wieder schließen. Des Nachts verwandeln sich die weißen Blüten in zarte Nixen. Sie tanzen im Mondschein auf dem silber glänzenden Wasser ihren Reigen. Unter den Blättern versteckt bewacht der launige Nix die muntere Schar.

Weiße Seerose
Nymphaea alba

- Seerosengewächse
- Mai bis August
- 50 – 300 cm Wassertiefe

Merkmale
Blatt rundlich, herzförmig eingeschnitten, schwimmend mit seilartigem Blattstiel; Blüte groß, weit geöffnet, duftend.

Viele Märchen, Sagen und Legenden sind nicht nur in Europa mit der Weißen Seerose verbunden. Oft entstanden Seerosen aus verzauberten Nymphen und Nixen. In den Erzählungen nordamerikanischer Indianer haben die Seerosen am Himmelszelt ihren Ursprung. Als ein alter, weiser Häuptling spürte, dass sich seine Zeit auf der Erde dem Ende näherte, schoss er seinen letzten Pfeil zum Abschied hoch in das Firmament, direkt zwischen Abend- und Polarstern. Beide Sterne wollten den letzten Pfeil besitzen. Heftig stritten sie miteinander. Die Funken flogen nur so und regneten auf die Erde nieder. Einige von ihnen fielen in Seen und Teiche und verwandelten sich in die heilige **Weiße Seerose**. Seitdem schmücken sie die Wasserflächen still ruhender Gewässer. Im Gartenteich bereiten die Sorten der Wohlriechenden Seerose (*N. odorata*, großes Bild unten) ein eindrucksvolles Fest der Sinne.

Busch-Windröschen
Anemone nemorosa

- Hahnenfußgewächse
- März bis April
- 15 – 25 cm

Merkmale
Blätter gestielt, tief eingeschnitten, grob gezähnt; Blüte entspringt einzeln aus Hochblattquirl, Blütenblätter oft leicht rötlich überhaucht, in der Mitte ein Büschel gelber Staubblätter.

Blume des Winds

Der Wind gab ihr den Namen. Denn „anemos“, das griechische Wort für Wind, wiegt das zarte Busch-Windröschen, wenn er mild durch die noch kahlen Wälder streicht. Stürmisch entführt er bald darauf die welken Blütenblätter. Daher ist das Busch-Windröschen ein Symbol für den Neubeginn und die Vergänglichkeit.

Das **Busch-Windröschen** ist eine unserer schönsten Frühlingsboten. Ihre Namensschwester Anemone war eine schöne Hofdame der griechischen Blumengöttin Chloris, die mit Zephir, dem Westwind, vermählt war. Zephir verliebte sich in Anemone, worauf Chloris sie von ihrem Hof verbannte. Voll Liebesleid flehte Zephir zur Liebesgöttin Aphrodite, ihm die Angebetete wenigstens als Blume zu erhalten. Aphrodite gewährte ihm diesen Wunsch. Seitdem entfaltet die Anemone ihre weißen Blüten, sobald der laue Westwind durch den Wald streift. Früher glaubten schwedische Bauern, dass in den Blütenblättern der Anemone eine schützende Macht verborgen sei. Daher war das Busch-Windröschen den Elfen geweiht. Es bewahrte den Menschen vor Krankheit, wenn er die erste Blüte, die er sah, verzehrte. Im Garten beliebt ist das Pracht-Windröschen (*A. blanda*, kleines Bild unten).

Weinaroma ganz anderer Art

Die cremeweißen Blüten des Kleinen Mädesüß verströmen an warmen, sonnigen Tagen einen an Bittermandeln mit einem Hauch von Orangen erinnernden Duft. Die Blüten – Bier, Wein, Met oder Milchspeisen zugefügt – gaben diesen ein angenehmes Aroma.

Das **Kleine Mädesüß** ist eine alte Heilpflanze. Ihre Wurzel ist von besonderer Gestalt. Sie gab der Pflanze ihren lateinischen Namen („filium = Faden", „pendulus = hängend"). An den dünnen Wurzeln hängen Knollen, die Stärke und Gerbstoffe enthalten. Sie gelangten früher als Gemüse auf die Teller der Landbevölkerung. Der Geschmack der gekochten Knolle soll süßlich sein. Mädesüß lässt sich gut in den durchlässigen Böden der Gärten kultivieren. Es wächst in sonniger wie in halbschattiger Lage. Gefüllte (*F. vulgaris* 'Plena') wie rosa blühende (*F. rubra* 'Venustra', kleines Bild oben) Verwandte haben ebenfalls ihren Weg in die Gärten gefunden.

Kleines Mädesüß
Filipendula vulgaris

- Rosengewächse
- Mai bis Juli
- 30 – 80 cm

Merkmale

Stängel oben fast blattlos, aufrecht; Blätter gefiedert, Fiederblättchen grob gesägt oder auch auch fiederspaltig; Blüten weiß bis blassrosa, in ästigen Trugdolden.

Gewöhnliche Schafgarbe
Achillea millefolium

- Korbblütler
- Juni bis Oktober
- 15 – 60 cm

Merkmale

Stängel aufrecht, selten verzweigt; Blätter dunkelgrün, doppelt gefiedert, würzig riechend; Blütenkörbchen schirmförmig in Trugdolden angeordnet.

Bierwürze und Kraut gegen allerlei Krankheiten

Schon die alten Griechen kannten die Schafgarbe als Arzneipflanze. Achilles heilte mit diesem Kraut die Wunden des König Telephus und verlieh somit der Pflanze *Achillea* seinen Namen.

Zahlreich sind die Namen der Schafgarbe und alt bekannt ihre heilende Kraft. Die Volksmedizin setzte sie gegen Kopfschmerzen, Erkrankungen der Atemwege, Blutarmut und andere Leiden ein. In der Landküche war sie ebenfalls anzutreffen. Salate und Suppen wurden mit den jungen, zarten Blättern gewürzt. In der Maisuppe des Alexander von Humboldt war neben Sauerampfer, Bibernelle, Gänseblümchen und Tripmadam die **Gewöhnliche Schafgarbe** ein wichtiger Bestandteil. Bevor sich Hopfen als Bieraroma durchsetzte, wurde das Bier mit Schafgarbe gewürzt. Diese nützliche Blume gedeiht an Wegen, Rainen, Gräben, auf Wiesen und Halbtrockenrasen, Böschungen und Straßenrändern. Im Garten kann die Gewöhnliche Schafgarbe durch ihr Wuchern allerdings ziemlich lästig werden. Beliebter sind daher die gelbe Goldgarbe (*A. filipendulina* 'Parker', kleines Bild unten) und die dunkelkarminfarbene *A. millefolium* 'Kelway'.

Ratgeberin in Liebesfragen

Wie keine andere Blume wurde das Gänseblümchen als Orakel in Liebesangelegenheiten befragt. Das Zupfspiel mit den Blüten: „Sie liebt mich, sie liebt mich nicht, von Herzen, mit Schmerzen, über alle Maßen, kann gar nicht von mir lassen, ein klein wenig oder gar nicht“, gab über das Ausmaß der Liebe Auskunft.

Gänseblümchen
Bellis perennis

- Korbblütler
- Februar bis November
- 3 – 15 cm

Merkmale
Blütenstängel leicht behaart, blattlos; Blätter spatelförmig, in Rosette flach am Boden liegend; Blüte aus weißen oder rötlich überlaufenen Zungen- und gelben Röhrenblüten.

Gänseblümchen, Maßliebchen oder Tausendschön wird die Blume genannt. Der strahlende Blütenkranz öffnet sich weit am Tag und umschließt schützend den gelben Blütenkorb bei Regen und am Abend. Obwohl der Name Maßliebchen weder von Maß halten kommt, noch auf das Messen der Liebe im Zupfspiel zurückgeht, sondern vom keltischen Wort „Mas = das Feld“ abstammen soll, ist diese bescheidene Blume stets mit der Liebe in Verbindung gebracht worden. Das Gänseblümchen war der germanischen Liebesgöttin Freyja geweiht. Zur Zeit des Minnegesangs durfte der Ritter, wenn die Dame seines Herzens ihn erhört hatte, diese Blume auf sein Wappenschild zeichnen. Im Garten sind die einfachen Gänseblümchen meist in der Rasenfläche anzutreffen. Hübsch sehen in Beeten die Wuschelköpfe der gefüllten Formen wie *B. perennis* 'Pomponette' (kleines Bild oben) aus.

Kleinblütiges Knopfkraut
Galinsoga parviflora

- Korbblütler
- Juni bis Oktober
- 10 – 90 cm

Merkmale

Stängel ästig; Blätter gezähnt, gegenständig; Blüten in kleinen Körbchen, außen weiße Zungenblüten, innen gelbe Röhrenblüten.

Kleiner Knopf aus fernem Land

Das Kleine Knopfkraut ist in Peru zu Hause. Forscher brachten es 1790 nach Europa. In den botanischen Gärten von Madrid und Paris kultivierten sie die Pflänzchen und verschickten Samen an verschiedene Gelehrte. Dem Neuling gefiel seine neue Heimat. Er verließ die Gärten und breitete sich aus.

Das **Kleine Knopfkraut** keimt erst nach den letzten Nachtfrösten im Mai. Ist der Boden nährstoffreich und feucht genug, blüht es bereits nach vier Wochen. Bis zu 300000 Samen kann eine Pflanze produzieren. Außerdem wachsen gejätete Pflanzen und Pflanzenteile bei ausreichender Feuchtigkeit wieder an. Kein Wunder, dass sich das Kleine Knopfkraut innerhalb eines Jahrhunderts in Mitteleuropa zu einem lästigen Kraut entwickelt hat. Seit Ende des 19. Jahrhunderts gilt es als eingebürgert. Viele Namen haften dieser Pflanze an, doch am bekanntesten ist die Bezeichnung Franzosenkraut. Sie hat nichts mit Paris, dem Ursprungsort der europäischen Anzucht zu tun, sondern mit zwei zeitgleichen Ereignissen. Unter Napoleon versetzte die französische Armee Europa in Angst und Schrecken. Zur selben Zeit trat das Kleine Knopfkraut erstmals massenhaft in ganz Deutschland auf. Der Name Franzosenkraut blieb an ihm haften.

Blüten wie samtweiche Pfoten

Samtweich fühlen sich die Scheinblüten an. Ihre Blütenform und Behaarung erinnern manche an die Pfote des Löwen. Eigentlich müsste das Edelweiß, aus dem Griechischen übersetzt, Löwenfüßchen heißen, denn „leon" bedeutet „Löwe" und „podion" „Füßchen".

Edelweiß
Leontopodium alpinum

- Korbblütler
- Juli bis September
- 5 – 10 cm

Merkmale

Pflanze wollig filzig; Stängel aufrecht, unverzweigt; Blätter zungenförmig, lanzettlich; fünf bis zehn vielblütige, gelbliche Köpfchen, diese von fünf bis fünfzehn weißfilzigen Hochblättern sternförmig umgeben (Scheinblüte).

Im Hochgebirge der Alpen blüht dieses Kleinod der Bergflora auf schmalen Graten und unerreichbaren Felsvorsprüngen. Durch Ausgraben wurde das **Edelweiß** jedoch an vielen Stellen ausgerottet. Es fesselte nicht nur die Aufmerksamkeit der Bergbewohner, sondern und vor allem die der Bergsteiger und Hochgebirgstouristen. Das Edelweiß war ein beliebtes Souvenir und manch einer verlor beim Versuch, die Blume zu erlangen, sein Leben. In den Dolomiten wird das Edelweiß „Stella alpina", der Alpenstern, genannt und soll einer alten Sage zufolge vom Mond abstammen. Es ist eine schöne bildhafte Bezeichnung, denn die weiße „Blüte" leuchtet wie ein Stern. Der wollig weiße Überzug schützt die Pflanze vor zu großer Erwärmung, Wasserverlust und den Schwankungen der Tages- und Nachttemperaturen. Im Gewirr der wolligen Haare befinden sich kleine Bläschen. Sie reflektieren das Licht und geben der „Blüte" ihren schönen weißen Glanz.

Wiesen-Margerite
Leucanthemum vulgare

- Korbblütler
- Mai bis Oktober
- 30 – 60 cm

Merkmale
Stängel aufrecht; Blätter länglich lanzettlich, grob gezähnt, die unteren gestielt, die oberen sitzend; Blüten einzelne endständige Köpfchen, außen weiße Zungenblüten, innen gelbe Röhrenblüten.

Die Perle unter den Perlen

Das griechische Wort „margarites = Perle" gab der Blume ihren wohlklingenden Namen. Die aufblühende Knospe mit ihrem reinen Weiß wurde als Abbild einer Perle empfunden. Daher fühlte sich Margarete von Anjou, die Gemahlin Heinrich VI. von England, als Perle der Perlen.

Obwohl sie nicht die erste Frühlingsbotin ist, war die **Wiesen-Margerite** der nordischen Frühlingsgöttin Ostara geweiht. Das Erscheinen ihrer reinweißen Blüten verkündete das endgültige Erwachen der Natur, das mit einem Fest zu Ehren Ostaras – nach ihr ist das Osterfest benannt – gefeiert wurde. Kinder brachten Margeritensträuße von den Wiesen und trugen Margeritenkränze im Haar. Beliebt war die Margerite auch als Orakel in allen Lebenslagen. Kinder befragten sie nach ihrem zukünftigen Beruf, einige Jahre später nach ihrem Glück in der Liebe. Im Alter sollte sie Auskunft über das Seelenheil „... Himmel, Hölle, Fegefeuer ..." geben. Die Wiesen-Margerite ist eine genügsame Pflanze. Sie kann in jedem nährstoffarmen Rasen im Garten angesiedelt werden. Etwas anspruchsvoller sind die gezüchteten Verwandten, die Sommer-Margerite (*Leucanthemum × superbum*) und die Bunte Margerite (*Tanacetum coccineum*, kleines Bild oben).

In schattigen Tälern Bote des Lichts

„Lilium convallium = Lilie des Tals", so bezeichneten die pflanzenkundigen Mönche des Mittelalters diese schöne Blume, und noch heute wird das Maiglöckchen im Englischen „Lily-of-the-valley" genannt. Oft leuchteten früher die anmutigen weißen Glöckchen aus dem Dunkel des Tals empor.

Maiglöckchen
Convallaria majalis

- Maiglöckchengewächse
- Mai bis Juni
- 15 – 25 cm

Merkmale
Stängel von zwei großen, länglich eiförmigen Blättern umschlossen; Blüten überhängend, in Trauben, stark duftend; Früchte scharlachrot.

Maiglöckchen brachten den Frühling, die Liebe und das Glück. Sie waren Ostara, der germanischen Frühlingsgöttin, geweiht. Die Blütezeit gab dieser betörend duftenden Blume ihren Namen. In manchen Gegenden sagte man, dass die Nachtigall zu singen beginnt, wenn das erste Maiglöckchen blüht. Liebesglück sollte diese Blume den Menschen bringen. Daher zogen früher Mädchen und Jungen hinaus, um die giftigen Maiblumen zu pflücken. Natürlich war das ein willkommener Anlass, sich kennen zu lernen, zu feiern und zu tanzen. Seit alters her werden Maiglöckchen in der Medizin verwendet. Hildegard von Bingen empfahl die Blume gegen Hautkrankheiten und Epilepsie. Heute kommt das Maiglöckchen in Präparaten mit herzstärkender Wirkung zum Einsatz. Maiglöckchen wachsen in Laubwäldern und Gebüschen. Sie lieben warme, lockere Böden. Im Garten wird gern die großblütige Sorte 'Grandiflora' gepflanzt.

Echtes Salomonssiegel
Polygonatum odoratum

- Maiglöckchengewächse
- Mai bis Juni
- 30 – 50 cm

Merkmale
Stängel scharfkantig, bogig überhängend; Blätter elliptisch, zweireihig; Blüten etwas glockenförmig, weiß mit grünem Saum, duftend; Früchte blau, bereift.

Das Dynamit des Königs Salomon

Die am Rhizom des Salomonssiegels erkennbaren runden Narben gaben viele Rätsel auf. Man deutete sie als Siegel des Königs Salomon. Denn mit dieser Wurzel soll Salomon die Felsen für den Bau des Tempels gesprengt haben. In Wirklichkeit stammen die Narben von den abgestorbenen Blütenstängeln vergangener Jahre.

Das **Echte Salomonssiegel** entdeckt man gelegentlich auf einer Wanderung durch lichte, trockene Laubwälder. Es ist ein Kalkliebhaber. Seine Anwesenheit gibt uns daher Auskunft über einige Eigenschaften des Bodens. In kleinen Beständen stehen die gebogenen Gestalten mit ihren hängenden Blütenglöckchen da. Verborgen in den angenehm nach Bittermandelöl duftenden Glöckchen lagert der Nektar am Grund der Blüte. Nur langrüsselige Hummeln können ihn erreichen und davon saugen. Die Pflanze und besonders die schwarzblauen Beeren sind giftig. Sie enthalten Saponine, die unangenehmen Brechdurchfall hervorrufen. In der Volksheilkunde wurden die Rhizome, richtig dosiert, als harntreibendes Mittel angewandt. Das Salomonssiegel ist eine hübsche Frühjahrspflanze. Es kommt ebenso wie die etwas höheren Kultursorten im Garten im Halbschatten vor Gehölzen gut zur Geltung.

„Safran macht den Kuchen gel(b) …“

heißt es in einem alten Kinderlied. Der eigentliche Safran-Krokus (*C. sativus*) blüht im Herbst im Mittelmeerraum. Er liefert den wertvollen gelben Farb-, Würz- und Parfümstoff Safran. Dagegen beschert der Weiße Safran, wie der Frühlings-Krokus auch genannt wird, nur die Vorfreude auf den Frühling.

Frühlings-Krokus
Crocus vernus

- Schwertliliengewächse
- März bis April
- 8 – 15 cm

Merkmale
Knollengewächs ohne oberirdische Stängel; Blätter grundständig, schmal mit weißen Mittelstreifen; Blüte weiß, selten violett oder gestreift.

Sobald der Schnee zu tauen beginnt, schiebt der **Frühlings-Krokus** seine Blüten durch die Schneedecke der Sonne entgegen. Daher wird er in einigen Gegenden auch Schneegugger genannt. Dichter rühmen den Frühlings-Krokus sogar als Lichtgeschenk des Himmels. Er hat ein weites Verbreitungsgebiet, das sich von den Pyrenäen über die Alpen bis zum Balkan erstreckt. Üppig blüht er auf lockeren Almwiesen, sobald die Schneeschmelze den Boden durchnässt. Seine Blätter entfalten sich jedoch erst nach der Blüte. In dicht verfilzten Rasenflächen ist er recht kurzlebig und muss immer wieder neu gesteckt werden. Im lockeren Geflecht von Polsterstauden oder lückigen Grasflächen gedeiht der Frühlings-Krokus dagegen sehr gut. Robuste Sorten (kleines Bild oben) wie *C. vernus* 'Queen of the Blues' oder *C. flavus* 'Großer Gelber' lassen sich an solchen Standorten dauerhaft im Garten ansiedeln.

Weiß-Klee
Trifolium repens

- Schmetterlingsblütler
- Mai bis September
- 15 – 45 cm

Merkmale
Pflanze kriechend, an den Knoten wurzelnd; Blatt dreizählig, eiförmig, fein gezähnt, kahl; Einzelblüte reinweiß, gestielt, Blütenköpfchen kugelig, einzeln, duftend.

Über den grünen Klee loben

Wird jemand „über den grünen Klee gelobt", so ist das meist nicht ganz ehrlich gemeint. Die alte Redewendung stammt aus einer Zeit, da die Gräber nicht wie heute mit Blumen bepflanzt waren, sondern von einem Kleeteppich bedeckt wurden. Außerdem war es ungehörig, über Tote schlecht zu reden.

Glück in der Liebe, Glück im Spiel und die Erfüllung geheimer Wünsche verspricht seit Jahrhunderten der Besitz eines vierblättrigen Kleeblatts. Daher wird es gepflückt, gepresst, aufbewahrt oder verschenkt. Wer ein vierblättriges Kleeblatt im Schuh trägt, durchschaut den Märchen zufolge die trügerischen Taten der Hexen und Zauberer. Doch auch die zarten Feen werden damit sichtbar. Von seinen Geheimnissen entzaubert ist der Klee heute nur noch eine, wenn auch recht junge Nutzpflanze. Erst Mitte des 18. Jahrhunderts erkannte man, dass verschiedene Klee-Arten gute Futterpflanzen sind. Den **Weiß-Klee** fressen bevorzugt die Schafe, was ihm den Namen Schapeblome einbrachte, den Rot-Klee hingegen rupfen mit Vorliebe die Rindviecher. Honigbienen, Hummeln und viele Schmetterlinge suchen emsig die süßlich duftenden, nektarreichen Blüten auf. Als feiner Brotaufstrich landet der Kleeblütenhonig dann später in der Küche.

Pflanze aus Kindertagen

Wie bei allen Taubnessel-Arten sammelt sich der Nektar am Blütengrund. Der Vorrat ist nur für langrüsselige Insekten gedacht. Kurzrüsselige Hummeln beißen die Röhre an und plündern so die Nektarbar. Auch Kinder mögen den süßen Saft und saugen ihn aus der Blüte.

Weiße Taubnessel
Lamium album

- Lippenblütler
- April bis Oktober
- 30 – 60 cm

Merkmale

Brennnesselartige Erscheinung ohne Brennhaare; Stängel vierkantig; Blätter kreuzgegenständig, scharf gesägt; fünf bis acht Blüten in Scheinquirlen, riechen unangenehm.

Die **Weiße Taubnessel** hat eine weitere Sinneserfahrung anzubieten. Über den Tastsinn erlebt jeder, der Name verrät es schon, dass die Taubnessel nicht brennt. Die Pflanze hat zwar im Lauf ihrer Entwicklung das wehrhafte Aussehen der Brennnessel kopiert, die brennenden Nesseln jedoch vergessen. Ohne Brennen lässt sich ein Sträußchen pflücken. Die Weiße Taubnessel ist ein häufiges Gewächs. Sie gedeiht auf Schuttplätzen, an Hecken, auf Wiesen und am Wegesrand. In der Volksheilkunde wird sie noch heute in verschiedenen Gebieten eingesetzt. Ihre jungen Sprossen und Blätter bereichern, als Salat zubereitet oder mit Brennnesseln und Spinat zu einem Mischgemüse verarbeitet, die Küche. Einige Taubnessel-Arten, die duftende Goldnessel (*L. galeobdolon* 'Florentinum', kleines Bild unten) oder die tiefrosa blühende Gefleckte Taubnessel (*L. maculatum* 'Chequeres') sind als Bodendecker in Gärten und Parkanlagen recht beliebt.

Gelbe Blüten

Vielschichtig ist die Farbe Gelb. Sie reicht vom blassen Gelb des Acker-Stiefmütterchens über das warme Goldgelb der Goldrute bis hin zum grünlichen Schwefelgelb der Zypressen-Wolfsmilch. Sumpf-Dotterblume und Scharbockskraut steigern die Farbintensität ihrer Blüten zusätzlich durch den Glanz der Blütenblätter. Die Nachtkerzen dagegen besitzen einen höheren Weißanteil, so dass ihre Blüten bis tief in die Dämmerung hinein leuchten und für nachtaktive Insekten lange sichtbar sind. Gelb ist in der Symbolik die Farbe der Sonne und des Golds. Doch wegen ihrer großen Variabilität wird sie als unbeständig empfunden und von vielen Menschen abgelehnt. Andererseits ist Gelb die Farbe der Freundlichkeit, des Optimismus, aber auch des Ärgers. Im Frühling, wenn der gelbe Huflattich erscheint, weiß jeder, dass die dunkle Jahreszeit vorüber ist. Erblüht auf den Wiesen der Löwenzahn, hat der Frühling endgültig Einzug gehalten. Der gelbe Blütenteppich des Löwenzahns, der den Landwirt ärgert, zeigt uns allerdings auch, dass die Wiesen und Weiden stark gedüngt sind. Diese Fettwiesen und -weiden werden den Rest des Jahrs grün bleiben. Ein buntes, vielfältiges Artenspektrum kann sich auf ihnen nicht entfalten.

Schöllkraut
Chelidonium majus

- Mohngewächse
- April bis Oktober
- 30 – 70 cm

Merkmale
Stängel ästig, weich behaart; Blätter fiederspaltig, am Rand gekerbt, dünn behaart, Unterseite blaugrün; Blüten in Dolden, goldgelb; orangegelber Milchsaft; an Mauern und auf Schuttflächen.

Das Goldkraut der Alchimisten

Der orangerote Saft des Schöllkrauts weckte die Neugier der Alchimisten. Sie vermuteten in ihm die vier Elemente und glaubten, darin den Stein der Weisen zu finden. Er sollte ihnen zeigen, wie man Gold herstellt. Also wurde gepresst, gekocht, experimentiert. Es rauchte, zischte, stank, doch kein Gold entstand.

Näher an der Nützlichkeit des giftigen Schöllkrauts lagen da die Ärzte und Heilkundigen der Antike. Schwalbenkraut nannte der griechische Arzt Dioskorides das **Schöllkraut**, dessen wissenschaftlicher Name sich vom griechischen Wort „chelidon = Schwalbe" ableitet. Er beobachtete das zeitgleiche Erscheinen der Schwalben mit dem Erblühen des Schöllkrauts und den Wegzug des Vogels mit dem Verblühen der Pflanze. Wie viele Menschen seiner Zeit glaubte auch er, die Schwalben würden die Blindheit ihrer Jungen mit den Saft des Schöllkrauts heilen. Es war damals nicht bekannt, dass einige Vogelarten blind aus dem Ei schlüpfen und sich die Augen erst später öffnen. Daher verwandte man noch bis ins Mittelalter den Saft mit Honig vermischt als Augenheilmittel. Auch Leber, Galle und verschiedene äußerliche Wunden wurden früher mit Arzneien aus Schöllkraut behandelt.

Dompteur wilder Tiere

Als „Oenothera" bezeichneten Ärzte des Altertums eine Pflanze, mit der sie jedes wilde Tiere zähmen konnten. Dazu musste das Tier mit der in Wein gekochten Pflanze besprengt werden. Auf dieses Dressurmittel weisen die im Namen enthaltenen Worte „oinos = der Wein" und „ther = das Tier" hin.

Gewöhnliche Nachtkerze
Oenothera biennis

- Nachtkerzengewächse
- Juni bis September ✤
- 60 – 120 cm

Merkmale

Stängel aufrecht, gelegentlich verzweigt, behaart; Blätter lanzettlich; Blüten in Ähren, gelb, tellerförmig, 3 – 6 cm Durchmesser.

Warum der Botaniker Linné der **Nachtkerze** diesen Namen gab, ist schwer verständlich. Gelangte diese schöne Blume doch als Gemüsepflanze erst Anfang des 17. Jahrhunderts aus Nordamerika nach Europa. Vielleicht hat sich Linné vom Geruch der Nachtkerze berauschen lassen, den die Blüten in den Abendstunden verströmen. Faszinierend ist, wie sich die Blüten innerhalb weniger Stunden mit Einbruch der Dämmerung öffnen. Das wunderbare Schauspiel lässt sich bei ihr und anderen Nachtkerzen wie der Missouri-Nachtkerze (*O. macrocarpa,* kleines Bild oben) jeden Abend wochenlang beobachten.

Färberwaid
Isatis tinctoria

- Kreuzblütler
- Mai bis Juli
- 50 – 120 cm

Merkmale
Blätter bläulich grün, bereift, herz- bis pfeilförmig stängelumfassend; Blüten gelb in doldigen Rispen, Blütenblätter doppelt so lang wie der Kelch; Früchte nach vorne verbreitert, hängend, zur Reife schwarz.

Am Montag wird Blau gemacht

Der Färberwaid ist eine Pflanze, deren Blätter für die Herstellung des Farbstoffes Indigo geeignet sind. Dies wussten bereits die Einwohner Britanniens. Schaudernd berichtet Caesar in seinem Bericht über den Gallischen Krieg, dass sich die Britannier mit Waid blau färbten und gar schrecklich anzusehen waren.

Die Blaufärberei war ein gut gehütetes Geheimnis der Färber und erfolgte nur bei schönem Wetter. In einen großen flachen Bottich füllte man die getrockneten Blätter des **Färberwaid**s und bedeckte sie mit Urin. Unter der wärmenden Sonne begann die Brühe zu gären und es entstand Alkohol, der den Farbstoff Indigo aus den Blättern löste. Der chemische Prozess war im Mittelalter nicht bekannt. Doch man wusste, dass sich die Gärung verstärkte und die Farbausbeute höher war, wenn mehr Alkohol hinzukam. Den Alkohol direkt in die Brühe zu kippen, war jedoch zu schade. Daher nahm er einen Umweg. Er lief durch die Kehle der Färber und gelangte schließlich in Form von Urin in die Brühe. Viel und über mehrere Tage mussten die Männer trinken. Wenn die Färber betrunken in der Sonne lagen, wusste jeder, die machen Blau. Und wer Blau gemacht hatte, der war blau!

Gelb und Grün aus dem Farblabor der Natur

Braune oder graue Kleidung fanden unsere Vorfahren langweilig. Auf ihren Streifzügen durch die Natur entdeckten sie die gelb färbende, als Färber-Wau bekannte Resede und bauten sie feldmäßig an. Bis Ende des 19. Jahrhunderts färbte man mit ihr Seide gelb.

Der gelbe Farbstoff Luteolin aus der **Färber-Resede** ist in Wolle und Baumwolle nicht beständig. Er eignete sich jedoch bestens für die Seidenfärberei. Er bleicht weder an der Sonne noch durch das Waschen aus. Man begnügte sich allerdings nicht mit dem Gelbfärben, sondern mischte das Gelb der Resede mit dem Indigo des Färberwaids. So entstanden vielfältige Grüntöne. Im Garten ist die Färber-Resede nicht anzutreffen, dafür eine nahe Verwandte, die ihres Dufts wegen sehr beliebt ist. Es ist die Garten-Resede (*R. odorata*, kleines Bild oben), deren unscheinbare, gelbliche Blüten einen süßen Duft verströmen.

Färber-Resede
Reseda luteola

- Resedengewächse
- Juli bis August ✤
- 60 – 120 cm

Merkmale

Stängel aufrecht, verzweigt; Blätter lineal-lanzettlich, ganzrandig, sitzend; gelbe Blüten in rutenförmig verlängerten, vielblütigen Trauben; auf warmen Dämmen, Schutt, in Steinbrüchen, an Wegen.

Echtes Labkraut
Galium verum

- Rötegewächse
- Juni bis Oktober
- 20 – 70 cm

Merkmale

Stängel aufrecht, rundlich mit vier erhabenen Linien; Blätter nadelförmig, zu sechst bis zwölft quirlig; Blütenstände dicht, rispenartig; häufig an Wegrändern, auf Trocken- und Halbtrockenrasen.

Bietet süßen Honig, liefert geronnene Milch

An warmen Tagen, wenn die Luft samtweich Natur und Menschen einhüllt, verbreitet das Echte Labkraut seinen süßen, honigschweren Duft. Die kleinen Blüten sind sehr großzügig mit ihrem Nektar. Frei zugänglich liegt er auf der Blüte und bietet sich kurzrüsseligen Nektarliebhabern an.

Griechische Hirten nutzten das **Echte Labkraut** zur Käseherstellung. Sie nahmen vor allem die Stängel und flochten daraus ein Sieb, durch welches sie die frisch gemolkene, warme Milch gossen. Das Labkrautsieb gab an die Milch eine Stoff ab, der sie rascher zur Gerinnung brachte und auf diese Weise die Herstellung von Quark und Käse ermöglichte. Aus dem Kälbermagen gewonnenes Labferment war damals noch nicht bekannt. Genaue Anweisungen für diese alte Technik der Käseherstellung sind leider verloren gegangen. So muss jeder, der das alte Rezept wieder entdecken will, geduldig experimentieren. Der Name *Galium* erinnert noch an den einstigen Gebrauch, leitet er sich doch von dem griechischen Wort „gala = Milch" ab. Im Garten ist das Echte Labkraut eine schöne Wildstaude und Bienenweide, die in trockenen Rasen und Gebüschsäumen besonders apart aussieht.

Blume der Keuschheit

Trotz guten Willens fiel es Mönchen und Nonnen im Mittelalter nicht leicht, ihr Keuschheitsgelübde einzuhalten. In der Teichrose fanden sie ein Mittel, die „teuflischen Gelüste" zu unterdrücken. Aus dem Wurzelstock stellten sie ein Getränk her, das die sexuelle Erregbarkeit herabsetzt.

Butterfässchen wird die **Gelbe Teichrose** in einigen Gegenden genannt. Und wie ein offenes Fässchen sehen die gelben, fettig glänzenden Blüten aus. Die Blüte ist markant gebaut. Die breite, leicht vertiefte Narbe umkränzt ein Ring aus Staubblättern. Nach der Befruchtung nimmt die Frucht eine dickbauchige, flaschenförmige Gestalt an. Da im Fruchtgewebe Luftblasen eingeschlossen sind, schwimmen die Früchte auf der Wasseroberfläche. Erst mit der Zeit entweicht die Luft. Dann sinken die Früchte auf den schlammigen Grund. Die Gelbe Teichrose verleiht dem Gartenteich mit ihren metallisch glänzenden Blättern eine besondere Note.

Gelbe Teichrose
Nuphar lutea

- **Seerosengewächse**
- **Juni bis September**
- **bis 250 cm Wassertiefe**

Merkmale

Blätter eiförmig, herzförmig eingeschnitten, schwimmend, Blattstiele seilartig; glänzend gelbe Blüte mit 4 – 5 cm Durchmesser, einzeln, stark duftend.

Sumpf-Dotterblume
Caltha palustris

- Hahnenfußgewächse
- März bis Juni
- 15 – 50 cm

Merkmale

Stängel liegend bis aufsteigend, hohl; Blätter herz- bis nierenförmig, gekerbt, Blattstiel rinnig; fünf große Blütenblätter, leuchtend gelb, fettig glänzend.

Sonnengelb, die Farbe des Monats Mai

Viele Volksnamen weisen auf die leuchtend gelbe Blütenfarbe und die wie Fett glänzenden Blätter der einst häufigen Frühlingspflanze feuchter Wiesen, Teich- und Bachränder hin. Schmalzblume, Butterblume, Dotterblume und zahlreiche weitere Namen sind Land auf, Land ab zu hören.

In manchen Gegenden nennt man sie Kuckucksblume, erscheint sie doch in der Zeit, wenn der Ruf des Vogels erschallt. Die **Sumpf-Dotterblume** öffnet lange vor den übrigen Sumpfpflanzen ihre glänzenden Blüten und hält sie weit geöffnet der Sonne entgegen. Am Blütenboden befinden sich zwei flache, reich mit Nektar gefüllte Vertiefungen. Sie bieten sich früh fliegenden Bienen großzügig an. Die Samen sind recht leicht und schwimmfähig, so dass sie sich auf dem Wasserweg verbreiten können. Da die Sumpf-Dotterblume giftig ist, mochten Landwirte sie nie. In der Volksheilkunde wurde sie jedoch äußerlich eingesetzt. Gelegentlich legte man die Blütenknospen in Essig ein, um sie als Deutsche Kapern in Speisen zu verarbeiten. Die Sumpf-Dotterblume benötigt einen feuchten Standort. Wegen ihrer Blüten und des kompakten Wuchses sind sie und die gefüllte Sorte *C. palustris* 'Multiplex' (kleines Bild oben) an Gartenteichen sehr beliebt.

Ein ideales Versteck für Frösche

Er ist es, der den feuchten Wiesen im Frühsommer seine gelbe Farbe gibt. Hoch halten die Stängel die Blüten empor. Unter den üppigen Blättern bildet sich auch an warmen Tagen ein angenehmes, feuchtes Klima. Dort sind sie zu Hause, die Frösche. „Rana = der Frosch" gab dem Hahnenfuß seinen lateinischen Namen.

Scharfer Hahnenfuß
Ranunculus acris

- Hahnenfußgewächse
- Mai bis Juli
- 30 – 100 cm

Merkmale

Stängel rund, schwach behaart; untere Blätter langstielig, handförmig, tief eingeschnitten, obere Blätter sitzend; Blüten goldgelb, in lockeren Rispen; auf etwas feuchten, nährstoffhaltigen Wiesen.

Ganz logisch erklären Naturfreunde den Namen **Scharfer Hahnenfuß** mit der vogelfußartigen Blattform und dem scharfen Geschmack der grünen Pflanze. Er ist bei den Landwirten eine unbeliebte Wiesenpflanze. Das Vieh verschmäht das Kraut aufgrund seines scharfen Geschmacks. Zu Recht, denn der Scharfe Hahnenfuß ist giftig. Auf Heuwiesen ist er weniger problematisch, da sich beim Trocknen die Wirkung des Gifts Protoanemonin verliert. Doch die Blume hat auch ihre guten Seiten. In ärmeren Zeiten sammelten die Menschen ihre Blütenknospen, kochten diese und legten sie in Salz- und Essigwasser ein. Im Garten, in der Nähe von Teichen, leuchtet das warme Gelb der Goldranunkel (*R. acris* 'Multiplex', kleines Bild unten), eine eng mit dem Scharfen Hahnenfuß verwandte Staude, aus dem frühsommerlichen Grün.

Tüpfel-Johanniskraut
Hypericum perforatum

- Johanniskrautgewächse
- Juni bis Oktober
- 20 – 80 cm

Merkmale
Stängel aufrecht, kahl, mit zwei Längskanten; Blätter gegenständig, oval-länglich, durchscheinend punktiert; Blüten in Trugdolden.

Heitere Stimmung durch goldgelbe Blüten

Das Johanniskraut wurde früher in vielen Lebenslagen eingesetzt. Heute dient es vorwiegend als pflanzlicher Tranquilizer gegen leichte Depressionen. Es enthält Hypericin, das die Stimmung aufhellt, allerdings auch die Lichtempfindlichkeit der Haut erhöht, also Sonnenanbeter, Vorsicht!

Zur Mittsommerzeit steht das **Tüpfel-Johanniskraut** in voller Blüte. Ihm wurden in dieser Zeit stark wirksame Kräfte zugeschrieben. In Schweden pflückten Frauen zur Sonnenwendfeier voll erblühtes Johanniskraut und flochten daraus Kränze. Diese legten sie dann unter das Dach, in die Stube oder den Stall, um Krankheiten, Gewitter, böse Geister und anderes Ungemach abzuwehren. In anderen Gegenden band man zum selben Zweck kleine Sträuße und warf sie in das erlöschende Sonnenwendfeuer. Das Tüpfel-Johanniskraut ist eine schöne, reich blühende Wildstaude, die an warmen Böschungen und Wegrändern, auf Magerrasen und Brachflächen anzutreffen ist. Im Naturgarten kommt es in größeren Beständen gut zur Geltung. Bienen und Hummeln sammeln emsig den Pollen ein. Ihre trockenen, mit Raureif überzogenen Blütenstände sehen im Winter apart aus.

Erster unter den Ersten

Keck reckt sich die Schlüsselblume im Frühjahr aus dem noch gelben, zaghaft sprießenden Gras empor. „Ich bin die Erste“, scheint sie zu rufen und wiegt ihre glockigen Blüten im Frühlingswind. „Primula = der kleine Erstling“ ist auch der ihr liebevoll gegebene Name.

Echte Schlüsselblume
Primula veris

- Primelgewächse
- März bis Mai
- 10–30 cm

Merkmale
Stängel aufrecht, behaart; Blätter in Rosette stehend, eiförmig, runzelig, behaart; Blüten goldgelb, orangegelb gefleckt, einseitswendige Dolde, Blütenkrone glockig.

Viele Sagen ranken sich um die **Echte Schlüsselblume**. Einst drang ein neugieriger junger Mann in das Reich der Wasser- und Erdgeister vor und zwang den Berggeist, ihm einen goldenen Schlüssel für den Himmel anzufertigen. Damit stieg er vom höchsten Berggipfel aus in die Wolken und weiter auf den Strahlen der Sterne immer höher hinauf. Die Sterne raunten ihm zu: „Nicht zittern, nicht zurückblicken!“ Der Bursche hielt sich an die Anweisungen, bis er zur Himmelspforte kam. Dort mahnte ihn der letzte Stern: „Vergiss alles, die Erde, die Heimat, Kindheit, Jugend, Vater und Mutter – vergiss alles!“ Da erzitterte der junge Mann, der den Schlüssel bereits in das Schlüsselloch stecken wollte. Er blickte sich um und stürzte auf die Erde nieder. Bewusstlos lag er am Boden. Schließlich erwachte er und sah, dass er auf einer Frühlingswiese lag, den goldenen Schlüssel fest umklammert. Dieser war zur Schlüsselblume geworden. Sie lässt sich im Garten sehr gut vermehren.

Großblütige Königskerze
Verbascum densiflorum

- Braunwurzgewächse
- Juli bis September
- 80 – 200 cm

Merkmale

Hohe Stängel mit eiförmigen Blättern, Stängel und Blätter filzig behaart; Blüten in dichten Trauben, gelb, 3,5 – 4 cm Durchmesser.

Königin der Schuttplätze

Stolz ragt die Königskerze empor und schmückt mit ihrer Anwesenheit Brachflächen, Dämme und Wegränder. Weit leuchten die großen, gelben Blüten. Die Königskerze ist mit ihren zwei Metern eine unserer größten heimischen Blumen. Himmelbrand nannte man sie früher, weil sie dem Himmel entgegenstrebt.

Die **Großblütige Königskerze** ist, ihrer heilenden Kräfte wegen, eine Blume der Bauerngärten. Hilft sie doch bei Erkrankungen der Atemwege. Oft wächst sie in den Randbeeten zwischen Pfingstrosen, Rittersporn und Margeriten. Neugierig ragen die gelben Blütenkerzen über den Staketenzaun. Vielerorts verehrten die Menschen die Königskerze als Marienblume. Sie banden sie zu Mariä Himmelfahrt, am 15. August, in die Kräutersträuße und ließen sie in den Kirchen weihen. Meist enthielten diese Weihsträuße neunerlei Blumen. Denn die Neun galt als magische Zahl, die Schutz bringen und Unglück abwehren sollte. Neben der Großblütigen Königskerze wachsen in den Gärten inzwischen einige hübsche Verwandte. Zwischen verschiedenen gelben Arten und Sorten leuchten rosa *V.* × *hybridum* 'Pink Domino' und die violette Purpur-Königskerze (*V. phoeniceum*) hervor.

Als die Orangen noch königlicher Luxus waren,

litten die Menschen zum Winterausgang unter Vitamin-C-Mangel. Deshalb sahen sie sich in der erwachenden Natur um und entdeckten, dass eine junge Pflanze den Mangel ausgleichen konnte und gegen Scharbock, wie Skorbut früher genannt wurde, half. Sie nannten die Blume Scharbockskraut.

Gewöhnliches Scharbockskraut
Ranunculus ficaria

- Hahnenfußgewächse
- März bis Mai
- 5 – 15 cm

Merkmale
Stängel meist aufsteigend, gelegentlich verzweigt; Blätter herzförmig, fettig glänzend; Blüte mit acht bis zwölf glänzenden Blütenblättern.

Das **Gewöhnliche Scharbockskraut** ließ sich jedoch nur im Frühjahr als Vitamin-C-Quelle verwenden. Denn die älteren Pflanzen sind wegen ihres Gehalts an Protoanemonin, Saponin, Fikarin und Gerbsäuren giftig. Dann besitzt das Scharbockskraut einen scharfen bis brennenden Geschmack und wird vom Weidevieh gemieden. Die Urbewohner der Alpen und Pyrenäen nutzten das Gift des Scharbockskrauts. Vor der Jagd tränkten sie ihre Pfeile mit dem giftigen Saft. Trotz der Giftigkeit verzehrten die Menschen einige Teile des Scharbockskrauts. Sie sammelten die in den Blattachseln sitzenden Brutknöllchen und die Wurzelknollen. Diese weichten sie in Salzwasser ein. Anschließend wurden die Knöllchen in Essig eingelegt. Im Winter ergab die Knollenkonserve eine gute Fleischbeilage. Auch richteten sie die in Salzwasser weich gekochten Knollen als Gemüse an.

Arnika, Bergwohlverleih
Arnica montana

- Korbblütler
- Juni bis August
- 20 – 60 cm

Merkmale
Stängel aufrecht, behaart; Grundblätter rosettig, daneben ein bis drei Stängelblattpaare; Blüten im Körbchen, außen Zungenblüten, innen Röhrenblüten, orangegelb.

Blitzableiter und Ernteschutz

Arnika entfaltet ihre wundersame Wirkung, wenn sie an Johanni gesammelt wird. Die getrocknete Blume muss, braut sich ein Gewitter zusammen, ins Feuer geworfen und „Steck Arnika an, steck Arnika an, dass sich das Wetter scheiden kann" gerufen werden. Dann sind Haus und Hof vor dem gefürchteten Gewitter geschützt.

Im Juni blühen, dem Volksglauben nach, verschiedene Schutz versprechende Pflanzen. Eine davon ist die **Arnika**. Zu Johanni um die Getreidefelder gesteckt, beschützt sie diese vor Bilwis, einem schädlichen Korndämon, der besonders um die Zeit der Sommersonnenwende durch die Felder reitet und das Getreide knickt und niederdrückt. Auch Schädlinge, Mutterkorn und andere Pflanzenkrankheiten sollte Arnika fern halten. Wie wirkungsvoll diese Maßnahmen waren, wird nicht berichtet. Nachweislich besitzt Arnika als Arzneipflanze eine lindernde und heilende Wirkung. Ihr Volksname Wohlverleih weist auf diese Eigenschaft hin. Wann sie als Heilpflanze entdeckt wurde, ist nicht bekannt, denn in antiken Schriften ist sie nicht erwähnt. In verschiedenen Regionen Europas dienten die getrockneten Blätter und Wurzeln als Tabak.

Gärtnern ohne Gift

Die biologisch arbeitenden Gartenfreunde rücken unwillkommenen Insekten erfolgreich mit Rainfarnbrühe zu Leibe. Außerdem verwirrt der würzige bis strenge Geruch, er geht auf die im ätherischen Öl enthaltenen Substanzen Thujon und Kampfer zurück, Kohlweißlinge und Apfelwickler. So finden sie ihr Ziel nicht.

Obwohl **Rainfarn** giftig ist, pflanzte ihn der Abt Walahfrid Strabo in den Klostergarten der Insel Reichenau. Auch Hildegard von Bingen wusste ihn als Heilpflanze einzusetzen. Später gehörte er in jede Hausgartenapotheke. In der Volksmedizin wird Rainfarn noch heute als Wurmmittel verwendet. Trotz der Giftigkeit gab es früher zu Ostern mit Rainfarn gebackene Kuchen und Rainfarnpudding. Diese Speisen dienten dazu, den Folgen des in der Fastenzeit reichlichen Fischverzehrs entgegenzuwirken. Denn die Speisefische jener Zeit ließen in ihrer Qualität zu wünschen übrig und verursachten nicht selten Wurminfektionen. Unabhängig von seinem „kulinarischen Wert“ ist Rainfarn eine hübsche Sommerpflanze. Im Garten sollte er jedoch in einer Wildecke stehen, denn er verträgt sich schlecht mit anderen Pflanzen.

Rainfarn
Tanacetum vulgare

- **Korbblütler**
- **Juli bis September**
- **60 – 130 cm**

Merkmale

Stängel aufrecht, kantig; Blätter doppelt fiederteilig, Teilblättchen gesägt; gelbe Blütenkörbchen trugdoldig angeordnet, Körbchen halbkugelig, Blüten alle röhrenförmig; liebt nährstoffhaltige Brachflächen.

Gewöhnlicher Löwenzahn
Taraxacum officinale agg.

- Korbblütler
- April bis Juni
- 5 – 40 cm

Merkmale
Stängel blattlos, hohl; Blätter tief eingeschnitten, in grundständiger Rosette; Blüten in einem großen einzelnen Körbchen; weißer Milchsaft; auf nährstoffreichen Wiesen und Wegrainen weit verbreitet.

Schmuck und Spielzeug

Bei Kindern ist Löwenzahn sehr beliebt. Lassen sich doch allerlei Dinge aus ihm fertigen und Experimente durchführen. Die Stängel biegen sie zu Ketten und Ohrringen. Diese erhalten hübsche Locken, wenn sie am untere Ende eingeritzt und ins Wasser gelegt werden. Die Blüten gelangen in die Sandkastenküche.

Mit Hilfe des Löwenzahns und eines Tricks lassen Kinder Wasser bergauf fließen. Dazu schneiden sie mehrere Blütenstängel ab, entfernen die Blüten und stecken das obere, sich verjüngende Ende in das breitere, untere Ende des nächsten Stängels. So entsteht ein Löwenzahnschlauch. Diesen tauchen sie in Wasser und saugen am oberen Ende, bis der Wasserstrahl erscheint. Dann senken sie den Löwenzahnschlauch schnell ein wenig und das Wasser kann bergauf in ein höher gelegenes Gefäß oder in ein Blumenbeet fließen. Doch nicht nur als Spielzeug ist der **Gewöhnliche Löwenzahn** geeignet. Seine Blätter sind als Wildgemüse sehr populär. Obwohl nur in Hungerzeiten und nach den Weltkriegen häufig als Ergänzung für die knappen Lebensmittelrationen empfohlen, hat Löwenzahn heute in vielfältigsten Variationen Einzug in die Restaurants gehalten.

Tabakersatz in schlechten Zeiten

„Rauchen schadet der Gesundheit“, so steht es auf der Zigarettenschachtel. Etwas gesünder rauchte man in Notzeiten. Dazu wurden die Blätter des Huflattichs angedörrt und anschließend fest aufeinander geschichtet. Ein Fermentierungsprozess setzte ein. Nach dem Trocknen war der Tabak fertig.

Den heilenden Rauch des Huflattichs kannten schon die Ärzte der Antike. Sie setzten ihn gegen Husten und Bronchitis ein. Dazu empfahl Plinius d. Ä., Huflattichwurzeln auf glühende Zypressenholzkohle zu legen und den Rauch durch einen Trichter einzuatmen. Die so inhaliertenStoffe lösten die Verschleimung. Nicht umsonst erhielt **Huflattich** die Bezeichnung *Tussilago,* was aus dem Lateinischen übersetzt „ich vertreibe Husten“ bedeutet. Fein zerkleinerte Huflattichblüten mit Zucker bestreut und in Wein eingelegt, ergeben mit heißem Wasser, Grieß und Zitronensaft eine Soße. Diese wird kalt zu süßen Aufläufen und Pudding gereicht.

Huflattich
Tussilago farfara

- **Korbblütler**
- **März bis April**
- **10 – 30 cm**

Merkmale

Stängel mit rötlichen Blattschuppen, spinnwebig behaart; Blätter langstielig, rundlich herzförmig, Unterseite graufilzig; Blüten erscheinen vor den Blättern, Körbchen einzeln; auf unbewachsenem Boden, an Wegen, Dämmen und Schuttplätzen.

Gelbe Narzisse

Narcissus pseudonarcissus

- Amaryllisgewächse
- März bis April
- 15 – 40 cm

Merkmale

Stängel zusammengedrückt-zweikantig; Blätter lineal, ca. 2 cm breit, bläulich grün; Blüte gelb, Blütenblätter abstehend, eiförmig lanzettlich, mit ebenso langer, becherförmiger Nebenkrone.

Eitle Schönheit ohne Verstand

Narkissos war ein schöner Jüngling, in den sich die Nymphe Echo vergeblich verliebte. Das ärgerte Aphrodite. Als Strafe ließ sie Narkissos zum ersten Mal sein Spiegelbild in einer Quelle sehen. Er fand es so schön, dass er sich darin verliebte. Immer tiefer neigte er sich hinab und ertrank. Da erblühte am Ufer eine Narzisse.

Narzissen erfreuten bereits in der Antike die Menschen und schmückten ihre Gärten. Es war jedoch eher die wohlriechende Weiße Narzisse (*N. poeticus*), deren narkotisierender Duft ihr den Namen Narkissos gab. Nur im Südwesten Deutschlands ist die **Gelbe Narzisse** heimisch. In den übrigen Regionen entfloh sie den Gärten und verwilderte. Zur Freude der Landwirte kommt sie inzwischen auf den Wiesen nur noch selten vor. Denn das in ihr enthaltene Narcissin schadet dem Vieh. Um so beliebter sind die Frühlingsboten in den Gärten. Besonders beliebt sind sie auf der Britischen Insel. Dort pflegten die Bewohner schon im Jahr 1629 94 Narzissenformen. Man züchtete emsig weiter, so dass die britische Royal Horticultural Society 1910 bereits 2150 Narzissen-Sorten auflisten konnte. Heute sind nur 150 bis 200 Narzissen-Sorten im Handel erhältlich (kleines Bild oben).

Heilige Blume und Spekulationsobjekt

Wann die Kultivierung der Tulpe begann, ist unbekannt. Im Osmanischen Reich verehrte man sie bereits um 1050 als heilige Blume und Sinnbild der Ewigkeit. Mächtige Sultane bestellten riesige Mengen an Tulpenzwiebeln. Sie züchteten die Tulpen in den geheimsten Gärten ihrer Paläste.

Die erste in Europa gefertigte Abbildung der **Wilden Tulpe** entstand 1557. Als eine der wenigen duftenden Tulpen-Sorten gelangte sie in die Gärten, aus denen sie verwilderte. Etwa um dieselbe Zeit erreichten Tulpenzwiebeln aus Konstantinopel die Niederlande und legten den Grundstein für die niederländische Tulpenzucht (kleines Bild unten). Die Niederländer erfasste die Tulpenleidenschaft. Riesige Summen wurden für eine einzige, seltene Tulpenzwiebel bezahlt. Im Jahr 1637 kam der große Crash; die Preise gingen in den Keller. Viele Leute standen vor dem Ruin, einige gewannen ein Vermögen.

Wilde Tulpe
Tulipa sylvestris

- Liliengewächse
- April bis Mai
- 20 – 45 cm

Merkmale

Pflanze aufrecht; zwei bis drei Blätter, schmal lanzettlich; Knospen leicht hängend, richten sich zu goldgelben Blüten auf, sechs bis acht Blütenblätter, äußere Blütenblätter grün geädert, Spitzen etwas kastanienbraun.

Wegweiser durch den Fluss

Nach einem missglückten Feldzug gegen die Alemannen saß Chlodwig I., König von Franken, am Rhein in der Klemme. Das Wasser vor ihm, die Alemannen hinter ihm. Die gelbe Schwertlilie blühte. Chlodwig entdeckte, dass an den Stellen, an denen die Blume wuchs, der Rhein seicht war. Entlang dieser Markierung fand er eine Furt.

Sumpf-Schwertlilie
Iris pseudacorus

- Schwertliliengewächse
- Mai bis Juli
- 50 – 100 cm

Merkmale

Blätter 1 – 3 cm breit, schwertförmig; äußere Blütenblätter ohne Haarkamm und innen dunkel gefleckt, innere Blütenblätter kleiner, aufrecht, mehrere Blüten an einem Stiel.

Die beschützende **Sumpf-Schwertlilie** wurde später zu Chlodwigs Staatssymbol. Noch heute ziert die Blüte der Schwertlilie das Wappen von Frankreich. Schwertlilien wachsen auf überschwemmten Wiesen oder am flachen Ufer. Ihre Blüten öffnen sich ähnlich einer Spirale in der Nacht und verblühen schnell. Sie sind die Nixen, von denen das Märchen „Die Geister vom Mummelsee“ erzählt. Um Mitternacht erwachen sie, legen ihr Liliengewand ab und tanzen die ganze Nacht. Erst am Morgen kehren sie auf Befehl des Wassermanns in ihre Blütengestalt zurück. Die gelbe Sumpf-Schwertlilie enthält Giftstoffe und wird daher nicht als Heilpflanze eingesetzt. Die nahe Verwandte, die blau blühende Deutsche Schwertlilie (*I. germanica*), findet dagegen als Duft- und Heilpflanze ihre Verwendung. Beide wachsen im Garten recht gut. Die Iris-Sorten sind sehr vielfältig.

Acker-Stiefmütterchen
Viola arvensis

- Veilchengewächse
- März bis Oktober
- 8 – 40 cm

Merkmale
Stängel aufstrebend, meist ästig; untere Blätter herzförmig gekerbt, Nebenblätter fiederspaltig; Blüte einzeln, gelblich weiß, gelegentlich bläulich überlaufen, langstielig.

Sorgt für Verwirrung

Stiefmütterchen besitzen magische Kräfte. Daher träufelte Oberon im Sommernachtstraum der schlafenden Titania den Saft auf die Lider. Nach dem Erwachen sollte sie sich in das erste Wesen, das ihr begegnete, verlieben. Dieses Wesen wollte Oberon sein. Dummerweise kam ihm ein Esel zuvor und sorgte für Verwirrung.

Das gelblich weiße **Acker-Stiefmütterchen** ist eine einjährige Pflanze der Felder und Gärten, deren Blüte hübsch anzusehen ist. Die Bezeichnung Stiefmütterchen für diese zierliche Blume geht auf die Betrachtung und Interpretation der bläulich überhauchten Blüten oder der Blüten des Wilden Stiefmütterchens (*V. tricolor*, kleines Bild oben) zurück. Das untere breite Blütenblatt, welches am schönsten gefärbt und gezeichnet ist, stellt die Stiefmutter dar. Sie hat selbstverständlich das schönste Kleid angezogen und sich selbstsüchtig auf die zwei grünen Kelchblätter wie auf zwei Stühle gesetzt. Rechts und links von ihr sitzen ihre eigenen Töchter, meist in bunten Kleidern und jede auf einem eigenen Stuhl. Die beiden Stiefkinder dürfen nur dunkle Kleider tragen und müssen sich zu zweit mit dem kleinsten Stuhl zufrieden geben. Den Garten schmücken heute farbenprächtige, klein- und großblütige sowie einige angenehm duftende Sorten.

Nicht strahlend weiße Wäsche

Im Mittelalter besaßen die Hausfrauen weder Hoffmanns Stärke noch Persil. Doch schon sie legten Wert auf saubere, gestärkte Wäsche. Zu diesem Zweck kochten sie Leinkraut mit Alaun und setzten diese Brühe der Wäsche zu. Die gebügelte Wäsche wurde schön steif und erhielt zudem einen gelbliche Ton, was damals modern war.

Gewöhnliches Leinkraut
Linaria vulgaris

- Braunwurzgewächse
- Juni bis Oktober
- 30 – 60 cm

Merkmale

Stängel aufrecht; Blätter linealisch bis lanzettlich, dicht stehend; Blüten in Trauben, schwefelgelbe Blüte mit langem Sporn und orangegelbem Schlund; kommt an Wegen, Bahndämmen und in Steinbrüchen vor.

Das **Gewöhnliche Leinkraut** besitzt die eigentümlich geformte Blüte eines Löwenmäulchens. Kinder lieben die Blüten, denn sie können damit spielen. Sie nehmen eine Blüte am hinteren Teil zwischen Daumen und Zeigefinger und pressen diese leicht zusammen. Schon öffnet sich das Mäulchen und gibt den Blick in den tiefen Schlund frei, in dem sich der Nektar befindet. Das Leinkraut ist eine ausgesprochene Hummelblume. Nur die schwergewichtigen Hummeln können mit ihrem Gewicht den Gaumen herunterzudrücken, um an die tief liegende Nektarbar zu gelangen. Kleinen Kindern sollte das Leinkraut als Beschreikraut Schutz gewähren. Es wurde ins Bettchen gelegt, damit sie vor Verwünschungen und Beschwörungen sicher waren. Leinkraut ist in neu angelegten Gärten eine hübsche Blume, die farbliche Akzente setzt.

Rote und rötliche Blüten

Wenn an den Feldrändern der Mohn erblüht, leuchten seine roten Blüten weit ins Land hinaus. Wir Menschen sehen dieses reine Rot, doch nicht die blütenbesuchenden Insekten. Sie erkennen die Mohnblüten nur an ihren dunklen Flecken in der Mitte. Rot ist eine Farbe, die nur sehr selten in ihrer reinen Form unter den heimischen Blumen anzutreffen ist. Damit die roten Blüten bestäubt werden, hat die Natur das Rot auf ihrer Farbpalette nuancenreich mit Weiß, Blau und dem uns Menschen unsichtbaren Ultraviolett vermischt, so dass die Blüten mal zartrosa, mal rosaviolett, purpurn, karminrot erscheinen oder andere Rotschattierungen aufweisen.

Am Anfang war das Rot. Es stand für Feuer und Blut. Daher bedeutet in manchen Sprachen Rot wörtlich übersetzt Blut. Der Mensch gab der Farbe Rot als Erstes ihren Namen. Damit ist Rot die älteste Farbbezeichnung der Welt. Die Symbolik dieser Farbe reicht von der Kraft des Lebens, über die Liebe bis hin zum Hass. Sie steht aber auch für Mut und Attraktivität. In der Blumensprache stehen rote Rosen für Freundschaft, Zuneigung, Liebe und Lebensfreude.

Klatsch-Mohn
Papaver rhoeas

- Mohngewächse
- Mai bis Juli
- 20 – 80 cm

Merkmale

Stängel borstig behaart; Blätter behaart, tief fiederspaltig; Blüte einzeln, Blütenblätter scharlachrot, am Grund schwarz gefleckt; auf Feldern und frischen Brachflächen, an Wegrändern.

Unerwünscht und doch beliebt

Wenn im Sommer der Klatsch-Mohn in den Getreidefeldern feurig leuchtet, verfinstert sich die Miene des Bauern. Die Blume ist ihm nur als Seidenblume in den Erntekronen willkommen. Konkurriert sie doch mit dem Getreide um Nährstoffe, Licht und Wasser.

Außerhalb der Landwirtschaft war **Klatsch-Mohn** stets beliebt. Dienten die Blütenblätter doch als herrliches Spielzeug, um klatschende Geräusche zu erzeugen oder je nach Lautstärke zukünftige Liebeserlebnisse vorauszusagen. Ein sanftes Klatschen verhieß einen Kuss, ein kräftiges versprach dagegen weiterreichende Liebesabenteuer. Klatsch-Mohn war wie Schlaf-Mohn (*P. somniferum*, kleines Bild unten) den Göttinnen der Liebe und Fruchtbarkeit geweiht. Sie wuchsen zusammen mit anderen Gift- und Heilpflanzen in Gärten, die von Mauern umgeben und streng bewacht waren. Oder sie befanden sich für kultische Handlungen in priesterlicher Obhut. Dadurch wurden die Menschen vor den Pflanzen geschützt, die den ewigen Schlaf, den Tod, brachten. Im Garten lassen sich Klatsch-Mohn, Türkischer Mohn (*P. orientale*, kleines Bild oben) oder der weiß, rot oder gelb blühende Island-Mohn (*P. nudicaule*) einfach ziehen.

Die Farbe bestimmt die Wirkung

Auch als es noch keine chemischen Analysen und exakten Naturbeobachtungen gab, wurden Pflanzen als Heilmittel gebraucht. Die Menschen leiteten die Heilkraft anfangs von den Formen und Farben einzelner Pflanzenteile ab. Gelbe Pflanzenteile halfen bei Leberleiden, rote dagegen bei blutenden Krankheiten.

Großer Wiesenknopf
Sanguisorba officinalis

- Rosengewächse
- Juni bis August ✤
- 30 – 100 cm

Merkmale

Stängel aufrecht; Blätter gefiedert, Teilblättchen eiförmig, gezähnt; Blüten in dichten, ovalen Köpfchen, dunkel- bis schwarzrot; auf feuchten Wiesen und Flachmooren.

Daher schrieb man den roten Blütenknöpfen des Großen Wiesenknopfs blutreinigende Wirkung zu. Kluge Heilkundige bauten allerdings auch auf ihre Erfahrung und setzten die in den Wurzeln enthaltenen Gerbstoffe bei inneren Blutungen und Venenproblemen sinnvoll ein. Der wissenschaftliche Name *Sanguisorba,* der sich aus dem lateinischen „sanguis = Blut“ und „sorbeo = ich sauge“, ableitet, weist auf diese Verwendung hin. Die kleinen Blüten sind auf Insektenbestäubung eingerichtet. Schmetterlinge, darunter einige Bläulingsarten, gehören zu den Gästen, die den Nektar am Blütengrund ernten und dabei gleichzeitig auch für die Bestäubung sorgen. Einige der Bläulingsarten sind jedoch nicht nur als Schmetterling, sondern auch als Raupe vom **Großen Wiesenknopf** abhängig. Deshalb werden diese Schmetterlinge, so lange es die Blume gibt, über die Wiesen gaukeln.

Schmalblättriges Weidenröschen
Epilobium angustifolium

- Nachtkerzengewächse
- Juli bis August ✤
- 60 – 140 cm

Merkmale
Stängel aufrecht, meist kahl; Blätter lanzettlich, Unterseite mit deutlichen Adern; Blüten in lockeren Trauben, dunkelrosa.

Dem Feuer folgt das Feuer

Die Flammen fegten über Gras, Moos und Heidekraut, züngelten an Kiefern empor und wüteten tagelang. Zurück blieb verbrannte Erde. Wenige Jahre später entflammte die Heide erneut. Nun hatte sich das Schmalblättrige Weidenröschen angesiedelt und entfaltete, einem Flammenmeer gleich, seine rosa Blüten.

Die leuchtenden, weithin sichtbaren Blüten trugen dem Schmalblättrigen Weidenröschen auch den Namen Feuerkraut ein. Ihre in dichten Trauben stehenden Blüten entfalten sich bis in die Spitze, wenn im unteren Teil bereits der Samenstand sichtbar wird. An Waldwegen und auf Kahlschlägen erscheinen sie häufig neben der gelben Nachtkerze und bilden zum dunklen Wald einen farbenfrohen Kontrast. Wenn die Schoten ihre lang behaarten Samen freigeben, verwandelt sich das Flammenmeer in eine weiße Nebelwand. In Skandinavien gelangt das **Schmalblättrige Weidenröschen** auf den Teller. Bereits der Botaniker Linné empfahl die Blätter als Gemüse. Im Garten fasst das Weidenröschen leicht Fuß. Es ist nicht nur ausdauernd, sondern auch sehr robust. Regelmäßige Ernte schadet ihm nicht. Unermüdlich wächst es nach. Leicht gedünstet, mit Sahne und Senf angerichtet, ergeben die Blätter einen mild säuerlichen Salat.

Frühlingsbote feuchter Wiesen

Im launigen April, zwischen Sonnenschein und Schneetreiben, lauen Winden und Donnergrollen, schiebt sich das Wiesen-Schaumkraut aus seiner fiederblättrigen Rosette in die Höhe. Die rosavioletten, mitunter weißlichen Blüten wiegen sich, einer Schaumkrone gleich, über maigrünem Gras.

Wiesen-Schaumkraut *Cardamine pratensis*

- Kreuzblütler
- April bis Mai ✠
- 30 – 60 cm

Merkmale
Stängel hohl, fast rund; Grundblätter rosettig, gefiedert, Teilblättchen rundlich, Endblättchen oft stark vergrößert; rosa bis violette Blüten in Trauben.

Das **Wiesen-Schaumkraut** war der germanischen Frühlingsgöttin Ostara geweiht. Zu ihrer Ehre trugen Knaben Kränze aus Wiesen-Schaumkraut auf ihrem Haar. Dem Landmann gab es mit seinem Erscheinen Auskunft über die Heuernte. Üppige, rosa gefärbte Wiesen versprachen eine schlechte, wenig Wiesen-Schaumkraut dagegen eine gute Heuernte. Der Name *Cardamine* weist auf die Ähnlichkeit mit der Kresse hin. Beide enthalten ein scharf schmeckendes, ätherisches Öl, dessen Geschmack in der ländlichen Küche beliebt war. Besonders in Salat und Soßen, die man zu Fleisch oder Fisch reichte, wurde die Pflanze verarbeitet. Zudem war das Wiesen-Schaumkraut auf dem Land als Mittel gegen Skorbut bekannt. Das in ihm enthaltene Vitamin C wurde jedoch erst viel später nachgewiesen. Vielerorts verschwinden durch Entwässerung die feuchten Wiesen und mit ihnen der Frühlingsbote, das Wiesen-Schaumkraut.

Karthäuser-Nelke
Dianthus carthusianorum

- Nelkengewächse
- Juni bis Oktober ✿
- 15 – 50 cm

Merkmale

Stängel aufrecht, kahl; Blätter schmal, spitz, Ränder rau; Blüten zu mehreren, dicht gedrängt, endständig, rosa bis dunkelpurpurrot.

Ein Hauch von Orient

Manche Nelken-Arten duften nach den getrockneten Knospen des Gewürznelkenbaums. Ihr Ruf, aphrodisische Wirkung zu besitzen, ging auf die *Dianthus*-Arten genauso über wie der Name. Nägelin oder Nägelein nannte man die Blütenknospen des exotischen Gewürzes. Denn ihre Form erinnerte an Nägel. Daraus wurde Nelke.

Auf seinem Kreuzzug entdeckte Ludwig IX. von Frankreich der Sage nach in Afrika die Stammart der Nelken. In seinem Heer wütete die Pest. Er war fest überzeugt, diese Krankheit mit einem Mittel aus der Natur heilen zu können. Deshalb erforschte er die Pflanzenschätze der Region und wurde durch den gewürzhaften Duft auf eine zarte Blume aufmerksam, die er Nelke nannte. Mit Hilfe der Blume heilte er einige Kranke. Ihm selber half sie allerdings nicht. Er starb während des Kreuzzugs an der Pest. Die Kreuzritter brachten die Nelke nach Frankreich. In den Gärten des Karthäuser-Ordens zogen die Klosterbrüder die verschiedensten Nelken-Arten als Heilpflanzen. Eine dieser Arten, die **Karthäuser-Nelke**, erhielt den Namen des Ordens. Im Garten wachsen sie ebenso wie die stark duftende Feder-Nelke (*D. plumarius,* kleines Bild oben) in Steingärten und Mauerfugen.

Wenn der Kuckuck vom Waldrand ruft

und seine Rückkehr aus Afrika unermüdlich verkündet, entfaltet die Kuckucks-Lichtnelke ihre ausgefransten Blüten. Das zeitgleiche Auftreten des Rufs und der Nelkenblüte führte zum gängigen Namen Kuckucksblume und zur botanische Bezeichnung *flos-cuculi*.

Kuckucks-Lichtnelke
Silene flos-cuculi

- Nelkengewächse
- April bis Juli
- 30 – 70 cm

Merkmale

Stängel aufrecht, nicht klebrig; Grundblätter spatelförmig, obere Blätter lanzettlich; Blüten in lockeren Trugdolden, Blütenblätter tief in vier Zipfel geteilt.

In feuchten Flussniederungen und grundwassernahen Wiesen schieben sich im späten Frühjahr die schlanken Blütenstängel der **Kuckucks-Lichtnelke** mit ihren apart geformten, rosaroten Blütendolden über das langsam wachsende Gras empor. In großen Beständen wirken die Blüten wie ein rosaroter Schleier, der sich über das maigrüne Gras legt. Streicht der Wind darüber, dann laufen sanfte Wellen durch das Blütenmeer. Das griechische Wort „lychnos = Lampe" bezieht sich auf die leuchtende Blüte, deren Blütenblätter wie kleine Flammen züngeln. An den Stängeln der Kuckucks-Lichtnelke kleben häufig speichelähnliche Schaumtropfen. Sie schützen die Larven der Schaumzikade vor Feinden.

Wiesenknöterich
Bistorta officinalis

- Knöterichgewächse
- Mai bis August
- 30 – 120 cm

Merkmale
Wurzeln dick, schlangenförmig gekrümmt; Stängel aufrecht; Blätter länglich eiförmig, Unterseite graugrün; rosa bis weiße Blüten in dickwalzigen Blütenähren.

Typisch britisch, Knöterich-Pudding-Weltmeisterschaft

In der Zeitung The Times erschien 1971 die Anzeige: „*Polygonum bistorta* – Wie gut ist Ihr Knöterich-Pudding?" Sie lud zur Knöterich-Pudding-Weltmeisterschaft ein. Tatsächlich fand diese in einem kleinen Ort in Yorkshire statt. Der Pudding ist eine herzhafte Speise, die vor allem in der Fasten- und Osterzeit gegessen wird.

Der **Wiesenknöterich** ist ein typischer Nässezeiger, der gleichzeitig nährstoffhaltige Böden liebt. In feuchten Wiesentälern, Flussniederungen und auf nassen Alpenmatten breitet er sich mit seinem schlangenförmigen Wurzelstock kräftig aus. Dort überwuchert er, sagen ihm die Bedingungen zu, alle übrigen Gräser und Kräuter. Dann stehen die bürstenähnlichen Blütenähren wie ausgesät da. Aus der Ferne betrachtet, deckt der rosa Blütenteppich die Feuchtwiese zu. In der Wildkräuterküche ist Wiesenknöterich eine geschätzte Pflanze. Doch in manchen Regionen sind die rosa Blütenähren selten geworden oder ganz verloren gegangen. Meist verschwand er, nachdem die Wiesen trocken gelegt oder tiefer gelegene Flächen verfüllt wurden. Im Garten wird die Sorte 'Superbum' gern an Teichränder und in bodenfrische Rabatten gepflanzt.

Glocken über dem Bach

Ab dem launigen April nicken die Blütenglocken des Bach-Nelkenwurzes an Bachufern, Gräben und auf feuchten Wiesen. Sie verkünden bereits den Sommer, der die gefürchteten Gewitter bringt. Bach-Nelkenwurz galt als Wetter- und Donnerblume und durfte nicht gepflückt werden.

Bach-Nelkenwurz
Geum rivale

- Rosengewächse
- April bis Juni
- 30 – 50 cm

Merkmale

Stängel aufrecht, mehrblütig; Blätter unterbrochen gefiedert, Endblatt sehr groß; Blüten nickend, Blütenblätter rötlich gelb, Kelchblätter rotbraun.

„Geum = ich schmecke gut" nannten die Botaniker die **Bach-Nelkenwurz**. Der Duft der Wurzeln ist angenehm gewürzhaft und ähnelt dem Nelkenöl. Allerdings verflüchtigt er sich beim Trocknen. Der nelkenartige Geschmack bleibt jedoch erhalten. Die getrockneten Wurzeln und Wurzelstöcke enthalten das schwach giftige Eugenol, den Urheber des nelkenartigen Dufts. Heilkundige setzten sie bei Magenerkrankungen und Appetitlosigkeit ein. Es besitzt keimtötende Eigenschaften. Die Blüten liefern reichlich Nektar, der sich am Kelchgrund befindet. Meistens hängen sich langrüsselige Hummeln an die Blüten und naschen in dieser etwas unbequemen Lage. Etwas bequemer sind die kurzrüsseligen Erdhummeln. Sie beißen von oben ein Loch, um an den süßen Saft zu gelangen. In Gärten entdeckt man häufig die orange blühende Rote Nelkenwurz (*G. coccineum* 'Borisii').

Der Duft von Jahrtausenden

Fragt jemand eine Rose, wie lange sie schon auf Erden duftet, dann haucht sie ihm als Antwort das Geheimnis von Jahrtausenden zu! Diese Weisheit aus Kleinasien gilt für viele Rosen. Bereits in der Antike waren Rosendüfte ein begehrtes Handelsgut. Sie wurden aus den stark duftenden Schwestern der Hunds-Rose gewonnen.

Hunds-Rose
Rosa canina

- Rosengewächse
- Juni
- 200 – 300 cm

Merkmale
Kräftiger Wuchs, Triebe überhängend, hakenförmige Stacheln; Knospen kegelförmig, rosa, Blüten 3,5 – 4,5 cm groß, zartrosa bis weiß, duftend; Früchte länglich, orangerot.

Rosenkränze schickten sich in der Antike die Liebenden, und Rosenkränze warf man siegreichen Soldaten zu. Rauschende Feste wurden mit Rosenblüten und Rosenwasser gefeiert. Die Rose war und ist ein Symbol der Liebe und der Sinnesfreuden. Sie galt aber auch als Zeichen der Trauer. Die Germanen erblickten in der **Hunds-Rose** die Unterwelt, Kampf und Tod. Ein gutes Schwert nannten sie Rose. Wer einen Hieb durch ein Schwert erhalten hatte, der hatte eine Rose bekommen. Schlachtfelder bezeichnete man als Rosengarten. Die Menschen mieden diesen Ort. Daher konnte die Rose ungestört wuchern. Indirekt lebt das Schwertsymbol noch heute fort. Zahnärzte bezeichnen einen groben Bohrer mit scharfer Kante als Rose. Seit der Antike wurden Rosen gezüchtet und in den Gärten gepflegt. Die Sortenvielfalt ist unüberschaubar (großes Bild unten).

Ruprechtskraut
Geranium robertianum

- Storchschnabelgewächse
- Juni bis Oktober
- 25 – 50 cm

Merkmale
Stängel kriechend bis aufsteigend, rot überlaufen, behaart; Blatt dreiteilig, Teilblättchen völlig getrennt, fiederspaltig; Blüten meist zu zweit, rosa.

Knecht Ruprecht im Sommer

In feuchten Wäldern und Schluchten, an Mauern und zwischen Ruinen wächst im Sommer bei hoher Luftfeuchtigkeit das Ruprechtskraut kräftig heran. Der rotbärtige Knecht Ruprecht stand mit seinem Namen Pate. Denn häufig nimmt die gesamte Pflanze die braunrote Färbung des Barts an.

Das **Ruprechtskraut** ist mit drüsigen Haaren besetzt, die ein flüchtiges, ätherisches Öl enthalten. Dieses riecht recht unangenehm und erinnert an den Geruch eines Schaf- oder Ziegenbocks. Daher nennen ihn viele Stink-Storchschnabel. Die Frucht im Kelch nimmt in der Reife das Aussehen eines Storchen- oder Kranichkopfs mit Schnabel an, was sich im Namen Storchschnabel niederschlug. Den Schnabel nutzte die Landbevölkerung früher als Hygrometer. Denn die Griffel bestehen aus zwei verschiedenen Geweben, die sich bei hoher Luftfeuchtigkeit unterschiedlich ausdehnen. Dadurch kommt es zu einer spiraligen Bewegung, bei der die Samen zu Boden fallen und keimen können. Bei trockenem Wetter bleiben die Griffel gestreckt und bewahren den Samen. Eine starke Drehung sagte den Menschen schlechtes Wetter voraus und bedeutete günstige Keimbedingungen für den Samen.

„Ich schätze dich als meinen teuersten Freund“,
sagt die Malve in der Blumensprache des 19. Jahrhunderts. Sie ist jedoch nicht nur in der Blumensprache ein teurer Freund, sondern begleitet den Menschen seit Jahrtausenden als Heil- und Gemüsepflanze. Meist ist sie auf stickstoffreichen Böden anzutreffen.

Die heilende Kraft der Wilden Malve kannten bereits die Ärzte der Antike. Die schleimigen Inhaltstoffe hemmten Entzündungen und schützten die Schleimhäute. Die Frauen dieser Zeit nahmen Malvensamen als Aphrodisiakum ein. Deren Folgen trieben sie mit Malvenblättern ab. Karl der Große schätzte die **Wilde Malve** als Heil- und Gemüsepflanze sehr und befahl, diese in den Gärten seiner Landgüter anzupflanzen. Seitdem wachsen Malven in Gärten und deren Umgebung. Ihre Blätter können als Suppe oder Salat zubereitet werden. Malven gehören einfach in die Gärten. An Mauern, Zäunen und zwischen niedrigen Stauden ragen sie empor. Ihre Blüten sind vielfältig in Form und Farbe. Sie sind die letzten Blumen des Jahres, die Ludwig Uhland in einem Gedicht des „Herbstes Rose“ nannte und darin um den verwelkten Frühling, also die besten Lebensjahre, trauerte.

Wilde Malve
Malva sylvestris

- Malvengewächse
- Juli bis September
- 20 – 120 cm

Merkmale
Stängel niederliegend, aufsteigend oder aufrecht; Blätter höchstens zu zwei Dritteln handförmig eingeschnitten; Blüten in Blattachseln, rosa bis purpurn mit dunkleren Streifen.

Acker-Gauchheil
Anagallis arvensis

- Primelgewächse
- Juni bis November
- 5 – 30 cm

Merkmale
Stängel vierkantig, niederliegend; Blätter gegenständig, lanzettlich, Unterseite schwarz gepunktet; Blüte ziegelrot, gelegentlich blau.

Blüht nur, wenn die Sonne lacht

Der Acker-Gauchheil ist eine richtige Schlafmütze. Er blüht erst bei einer Tageslänge von zehn bis zwölf Stunden. Nur wenn die Sonne lacht, öffnen sich seine Blüten, allerdings selten vor 8 Uhr. Gegen 15 Uhr schließen sie sich wieder und legen sich zur Ruhe. Das brachte dem Acker-Gauchheil den Namen Faules Lieschen und Vier-Uhr-zu-Bett-Blume ein.

Die eigentliche Heimat des Acker-Gauchheils ist der Mittelmeerraum. Schon vor sehr langer Zeit gelangten seine Samen über die Alpen nach Mitteleuropa und Südskandinavien, wo er schnell heimisch wurde. Er ist eine Blume der lehmreichen Hackfruchtfelder, Gärten und Weinberge. Seine Blüten fallen durch die in der mitteleuropäischen Pflanzenwelt seltene ziegelrote Farbe auf. Gelegentlich erscheinen auch blaublütige Formen. Da der **Acker-Gauchheil** eine gewisse Ähnlichkeit mit der Vogelmiere besitzt, nannte man ihn rote Miere und roter Hühnerdarm. Doch im Gegensatz zur Vogelmiere ist er ein tödliches Vogelfutter. Denn Acker-Gauchheil ist giftig. Dennoch nutzte man ihn in der Volksmedizin als Heilpflanze. Er sollte bei Geisteskrankheiten und Melancholie, wie die mittelhochdeutsche Bezeichnung „Gauch = der Narr, der Tor“ andeutet, helfen.

Blume der dunklen Tage

Im November, wenn die Tage kurz und trübe sind, blühen auf der Fensterbank die Nachkommen des Wilden Alpenveilchens. Schon vor Jahrhunderten wurden sie in Kultur genommen. Am schönsten sind die kleinen duftenden Alpenveilchen. Sie blühen bei guter Pflege Jahr für Jahr in purpurvioletten, roten und weißen Farbtönen.

Das **Wilde Alpenveilchen** stellte in den Liebesgetränken und Arzneien der Antike eine wichtige Ingredienz dar. In Hausnähe gepflanzt sollte es gegen die Wirkung von Giftgetränken schützen. Im Mittelalter setzte man die Blätter des glycosidhaltigen Alpenveilchens allerlei Arzneien zu, um Schlangenbisse, Gelbsucht, Gicht und manch anderes Leiden zu heilen. Allerdings galt es auch als wirkungsvolles Abtreibungsmittel. Man glaubte sogar, dass schon das Überschreiten eines Alpenveilchens eine Fehlgeburt einleitet. Die oberflächlich im Boden liegende, etwas scheibenförmige Wurzelknolle ist essbar. Im 11. Jahrhundert nannte man sie Erdaphel. Namen wie Erdbrod oder Geißkäs weisen auf die Verzehrbarkeit hin. Die Blume steht unter Naturschutz. Wer Glück hat, entdeckt sie noch in den Alpen in einer Höhe von 1000 – 1500 m.

Wildes Alpenveilchen
Cyclamen purpurascens

- **Primelgewächse**
- **Juli bis Oktober**
- **5 – 15 cm**

Merkmale

Stängel aufrecht; Blätter ledrig, herzförmig rundlich, helles, unregelmäßiges Muster; hellrosa bis purpurrote, duftende Blüten, Blütenblätter zurückgeschlagen.

Echtes Tausendgüldenkraut
Centaurium erythraea

- Enziangewächse
- Juli bis Oktober
- 10 – 30 cm

Merkmale

Stängel aufrecht, oben verzweigt, vierkantig; Grundblätter rosettig, Stängelblätter länglich oval; Blüten in flacher Trugdolde, rosa.

Der pflanzliche Dukatenesel

Sein Name, so sagen die einen, leitet sich von „centum = hundert“ und „aureus = Gold“ ab. Aus dem Hundertgüldenkraut entstand dann das Tausendgüldenkraut. Es musste während der Mittagsmesse gepflückt und in die Geldbörse gesteckt werden. Garantiert war der Geldbeutel dann nie leer.

Die zweite Namensdeutung beruft sich auf den Zentaur Cheiron der griechischen Mythologie. Cheiron, halb Mensch, halb Pferd, kannte die heilenden Kräfte der Natur und unterrichtete Asklepios, den Gott der Heilkunst und wundertätiger Arzt. Auf ihn geht der Äskulapstab, das Symbol der Ärzte, zurück. Vielerlei Krankheiten sollte das **Echte Tausendgüldenkraut** heilen, dämonische Sprüche von Zauberern und Hexen abwehren. Einer Legende nach wies ein Vogel die Menschen in der Pestzeit auf die aus ihrer Sicht pestheilende Pflanze hin. Das Tausendgüldenkraut ist, wie der Gelbe Enzian (*Gentiana lutea*), in der Volksmedizin noch heute als Bittermittel beliebt.

Nach einem üppigen, deftigen Mahl mit Schweinshaxe oder fetttriefendem Grünkohl hilft das Bitterschnäpschen bei der Verdauung. Auch nehmen die Bitterstoffe durch vermehrte Speichel- und Magensaftsekretion bestehende Appetitlosigkeit.

Knochenbruch und Kräuterjauche

Gelegentlich endete der elegante Sprung über das Gartentor mit einem verstauchten Fuß. Verstauchungen und Knochenbrüche behandelte man früher mit Beinwellumschlägen, denn die Erfahrung hatte gezeigt, dass sich der Heilungsprozess dadurch beschleunigt.

Arznei-Beinwell
Symphytum officinale

- Raublattgewächse
- Mai bis September
- 30 – 100 cm

Merkmale

Gesamte Pflanze rauhaarig; Stängel aufrecht, hohl; Blätter lanzettlich; Blüten nickend, in Trugdolden, schmutzig purpurn, rosaviolett oder gelblich weiß.

Arznei-Beinwell ist eine Pflanze, die in Pfannkuchen, als Gemüse oder Salat ausgesprochen gut schmeckt. Doch leider darf er nur selten verzehrt werden, denn die Pflanze enthält Pyrrolizidinalkaloide, die als leberschädigend gelten. Der wüchsige Beinwell ist, wenn schon nicht für den Speiseplan, so doch für den Biogarten eine sehr nützliche Pflanze. Denn Beinwell-Jauche wirkt als Dünger, Insektenabwehr und stärkt die Widerstandskräfte der Pflanzen. Sie wird aus 1 kg frischem Beinwell auf 10 l Wasser angesetzt und verbreitet einen nicht für jede Nase schmeichelhaften Geruch. Daher sollte sie zu einer Zeit ausgebracht werden, in der wenige Menschen in der Nähe sind.

Blut-Weiderich
Lythrum salicaria

- Weiderichgewächse
- Juli bis September
- 50 – 160 cm

Merkmale
Stängel aufrecht, vierkantig; Blätter lanzettlich, bis 10 cm lang, gegenständig; Blüten in dichten quirligen Trauben.

Liebt einen nassen Fuß

Der Blut-Weiderich ist weit verbreitet. Auf feuchten Wiesen, an den sumpfigen Ufern der Seen, Teiche, Bäche und Flüsse ist er zu Hause. Weit leuchten die purpurroten Blütentrauben aus dem satten Grün der Wiesen und Uferzonen. Purpurnen Schlangen gleich spiegeln sie sich im leicht gekräuselten Wasser.

Der Volksmund taufte den **Blut-Weiderich** wegen seines geraden, hohen Wuchses und der leuchtenden Blütenfarbe Stolzer Heinrich. Die Stängel und Laubblätter enthalten neben Alkaloiden zahlreiche Substanzen, darunter einige Gerbstoffe. So nutzten die Gerber früher die Pflanze für die Lederherstellung. Ungewöhnlich ist der Blütenstand. Er besitzt drei verschiedene Blütentypen mit unterschiedlich langen Griffeln und Staubgefäßen. Sogar die Pollenfarbe und -größe unterscheiden sich. Dadurch ist eine Selbstbefruchtung ausgeschlossen. An den kleinen Samen hängen klebrige Haare, mit denen sie sich an Schnäbel, Füße und das Gefieder der Vögel heften und so in neue Gebiete gelangen. Der purpurrote Blut-Weiderich, die gelbe Sumpf-Schwertlilie und weiße Seerosen locken bunte Schmetterlinge an und verleihen Gartenteichen auf diese Weise eine sommerlich heitere Atmosphäre.

Heidehonig nicht nur für die Götter

Heidehonig mit Thymianaroma war eine Götterspeise. Ausschließlich im Gebirge Hymettos wuchsen Besenheide und Thymian, aus deren Blüten die Bienen den Nektar für den Göttervater Zeus sammelten. Nur dieser bernsteingelbe, duftende Honig durfte auf der Tafel der Götter erscheinen.

Besenheide
Calluna vulgaris

- Heidekrautgewächse
- August bis September
- 10 – 50 cm

Merkmale

Zwergstrauch; Zweige aufsteigend, besenartig; Blätter nadelförmig, in vier Zeilen angeordnet; Blüten rosa, in Trauben; in Heiden, Mooren und lichten Wäldern.

Der feine Honig der **Besenheide** ist noch heute eine kulinarische Besonderheit, den inzwischen auch die Menschen genießen können. Wenn im August in Norddeutschland die Lüneburger Heide in Violettrosa erblüht, fahren nicht nur Touristen, sondern auch Imker mit ihren Bienenvölkern in das Gebiet. Der eine oder andere nimmt von diesem Ausflug ein Glas Heidehonig mit nach Hause. Als bescheiden und genügsam beschreiben die Dichter die Besenheide. Vermag sie doch auf mageren Sandböden zu wachsen, ja sogar innerhalb kurzer Zeit weite Gebiete zu überziehen. Allerdings begünstigt die *Calluna*-Heide die Bildung von Ortstein, einer fast undurchdringlichen, eisenhaltigen, harten Bodenschicht. Nur Birke, Kiefer und Wacholder können neben der Heide bestehen. Die übrigen Pflanzen werden verdrängt. In Gärten sollte daher ihr Ausbreitungsdrang berücksichtigt werden.

Große Klette
Arctium lappa

- Korbblütler
- Juli bis August
- 30 – 180 cm

Merkmale

Stängel beblättert; Blätter sehr groß, gestielt, rundlich oder herzförmig; Blüten in kugeligen, trugdoldig rispig angeordneten Körbchen, nur Röhrenblüten, Hüllblätter der Blüten mit Haken.

Belebt und hält die Liebe

Die Klette stellt sich eng verbunden mit der Liebe dar. Sie soll, so glauben die Bewohner Hawaiis, den Menschen Kraft und Ausdauer geben. Besonders in der Liebe, als Aphrodisiakum, stand die Klette im Ruf, kräftig unterstützend zu wirken.

Die kugeligen Früchte der Großen Klette mit ihren raffinierten Widerhaken sind recht anhänglich. Zäh halten sie sich an Kleidern und im Fell der Tiere fest. Sie sind ein positives Symbol für Anhänglichkeit, aber auch ein negatives für Aufdringlichkeit. Kinder lieben die Kletten als Wurfgeschoss. Es bereitet ihnen diebisches Vergnügen, sie Vorübergehenden in die Haare zu werfen. Etwas praktischer nutzten französische Soldaten die Klette. Sie schlossen damit ihre Jacken. Knopf des Soldaten wird sie, sinngemäß übersetzt, daher in Frankreich genannt. Schließlich wurde der Mechanismus industriell kopiert. Heute ist für die meisten Menschen der Klettverschluss ein alltäglicher Gebrauchsgegenstand. Die **Große Klette** enthält wertvolle Inhaltsstoffe, ätherische Öle, Gerbstoffe, antibiotische Stoffe und so manches mehr. In der Volksmedizin fand sie daher wie fast alle Kletten-Arten ihre Verwendung.

Täuscht falsche Tatsachen vor

Wie Signallichter ragen die rotvioletten Blüten der Wiesen-Flockenblume aus dem Gras empor. Die Randblüten vergrößern das Blütenköpfchen, das von Bienen, Hummeln und Schmetterlingen aufgesucht wird. Doch die Randblüten täuschen. Sie dienen nur als Lockmittel und sind unfruchtbar.

Die **Wiesen-Flockenblume** ist eine Blume der frischen bis trockenen, mäßig nährstoffhaltigen Wiesen. Sie gehört mit Margerite, Glockenblume und Hahnenfuß zu den bunten Wiesenblumen. In großen Beständen ist sie eine bei Landwirten unerwünschte Pflanze. Ihre Stängel sind sehr zäh und werden vom Vieh verschmäht. Außerdem ergeben sie ein sehr schlechtes Heu. *Centaurea* verdankt ihren Namen dem menschenfreundlichen Zentaur Cheiron. Dieser heilte seine Wunde am Fuß, die ihm Herakles mit einem Pfeil zugefügt hatte, mit einer Flockenblume. Sie ist als Insektenblume in den Wiesen der Naturgärten ausgesprochen beliebt. In Beeten locken Flockenblumen in unterschiedlichen Rosa- und Blautönen die Schmetterlinge ebenso an wie die aus dem Kaukasus stammende gelbe Riesen-Flockenblume (*C. macrocephala*, kleines Bild Mitte).

Wiesen-Flockenblume
Centaurea jacea

- **Korbblütler**
- **Juni bis Oktober**
- **20 – 80 cm**

Merkmale

Stängel aufrecht, kantig, rau; Blätter lanzettlich, mittlere und obere meist ungeteilt, untere buchtig fiederspaltig; Blüten nur Röhrenblüten, Randblüten größer.

Herbst-Zeitlose
Colchicum autumnale

- Zeitlosengewächse
- August bis Oktober
- 5 – 20 cm

Merkmale
Im Frühjahr erscheinen meist drei tulpenartige, fleischige Blätter mit der Frucht; Blüten im Herbst einzeln, rosaviolett auf weißlichen Stielen ohne Blätter.

„Filius ante patrem = Sohn vor dem Vater"

nannten die alten Kräutersammler die Herbst-Zeitlose. Ihnen war die Eigenart der Pflanze, befruchtet zu überwintern und erst im Frühjahr die Frucht auszubilden, noch nicht bekannt. Sie glaubten vielmehr, die Frucht komme vor der Blüte.

Auf frischen Wiesen mit tiefgründigen Ton- und Lehmböden erscheinen nach dem letzten Schnitt, entgegen dem üblichen Rhythmus der Natur, die blattlosen, rosavioletten Blüten der **Herbst-Zeitlose**. Im Frühjahr folgen die Blätter und umhüllen die eiförmige Frucht. Neben diesem ungewöhnlichen Blüh- und Fruchtverhalten enthält die Herbst-Zeitlose als gefährliche Besonderheit das Alkaloid Cholchicin, ein starkes Zellgift. Wegen ihrer Giftigkeit wurde sie von den Landwirten bekämpft und ist nur noch sehr selten auf landwirtschaftlich genutzten Wiesen anzutreffen. In einer Bauernregel gibt die Herbst-Zeitlose Auskunft über den nächsten Winter. Erschienen die Blüten schon Anfang August, galt das als Vorzeichen für einen strengen Winter. Auch wurde ein Winter hart, wenn die Zwiebelknolle 70 – 80 cm unter der Erdoberfläche lag. Ruhte sie dagegen nur 30 – 40 cm tief, stand ein milder Winter bevor.

Haubenlerche verursacht Sommersprossen

Frühlingsblumen sind im Volksglauben von Geheimnissen umgeben. So soll man die Nase nicht in Lerchenspornblüten stecken. Denn sonst entstehen auf dieser Sommersprossen. Wer Sommersprossen als keck und frech empfindet, kann den Duft genießen.

Hohler Lerchensporn
Corydalis cava

- Erdrauchgewächse
- März bis Mai
- 15 – 30 cm

Merkmale

Stängel zweiblättrig, unverzweigt; Blätter doppelt dreizählig, eingeschnitten, bläulich grün; Blüten in endständigen Trauben, trübpurpurn, selten violett oder weiß.

Unter Gebüschen, Hecken und in feuchten Laubwäldern wächst das Knollengewächs, der **Hohle Lerchensporn**. Seine gespornten Blüten, die an eine Haubenlerche erinnern, verliehen ihm den aus dem Griechischen stammenden Namen *Corydalis*. Die tief im Boden sitzende, filzige Knolle verdickt sich von Jahr zu Jahr. Dabei zerreißt das Innere, so dass ein Hohlraum entsteht. Die Knolle kann die Größe eines Apfels erreichen. Ameisen lieben den Lerchensporn. Besitzen die Samen doch ein nährstoffreiches Anhängsel, das ihnen besonders gut schmeckt. Daher schleppen sie die Samen in ihren Bau und sorgen so für deren Verbreitung. Im Garten ist diese Pflanze recht farblos. Effektvoller sind der weiß blühende Gefiederte Lerchensporn (*C. solida* 'Alba') und der Gelbe Lerchensporn (*Pseudofumaria lutea*, kleines Bild Mitte).

Roter Fingerhut
Digitalis purpurea

- Braunwurzgewächse
- Juni bis August
- 30 – 150 cm

Merkmale

Stängel aufrecht; Grundblätter rosettig, eiförmig lanzettlich, Unterseite grau-filzig; Blüten in einseitiger Traube, im Schlund gefleckt.

Vom Elfenkraut zur Schulmedizin

Der Rote Fingerhut steht im Wald an sonnigen Stellen. Form und Farbe seiner Blüten gaben diesen die Bezeichnung Fuchsglocke. Sie waren sehr eng mit den Elfen verbunden. Gingen Elfen an ihnen vorüber, verneigten sie sich zum Gruß. Auch trugen die Elfen sie als Hut. Im Keltischen wird die Pflanze Kraut der Elfen genannt.

Im deutschsprachigen Raum mied die Bevölkerung den **Roten Fingerhut**. Galt er doch lange Zeit als eine Pflanze, aus der Hexen allerlei Zaubergetränke brauten. Man ging ihm am besten aus dem Weg. Die ersten, die den Roten Fingerhut zu Heilzwecken nutzten, waren im 5. Jahrhundert die Iren. Erst im 16. Jahrhundert taucht er in deutschsprachigen Kräuterbüchern auf. In die Schulmedizin gelangte der Rote Fingerhut durch den englischen Arzt William Withering. Er hörte 1775 von der sensationellen Heilung einer herzkranken Frau. Auf Nachfragen erfuhr er, dass sie ihre Genesung der Anwendung des Roten Fingerhuts verdankte. Daraufhin untersuchte er die Pflanze intensiv und fand Digitalisglycoside. Diese steigern die Kontraktionskraft des Herzmuskels. Damit war die Grundlage für wirksame Herzmedikamente gelegt. Im Garten lässt sich der Fingerhut mühelos ziehen.

Erst durch die Pizza populär

Obwohl heimisch, war Dost nicht sehr bekannt. Seit jedoch die italienischen Pizzabäcker die Pizza erfolgreich nach Mitteleuropa importierten, wurde seine Geschmacksnote populär. Denn hinter dem für die Pizza unentbehrlichen Oregano verbirgt sich der Dost.

Gewöhnlicher Dost
Origanum vulgare

- Lippenblütler
- Juli bis Oktober
- 20 – 60 cm

Merkmale

Stängel rundlich, behaart; Blätter eiförmig, spitz; Blüten in lockeren Rispen und Doldenrispen, purpurrot; Pflanze duftet aromatisch.

Im Mittelalter war der **Gewöhnliche Dost** als Heilpflanze geschätzt. Er half als Pflanze Wohlgemut gegen Schwermut und Traurigkeit. Daher mischten die Landbesitzer ihren Schnittern Dost unter das Essen, damit sie ihre harte, schweißtreibende Arbeit wohlgemut und fröhlich verrichteten. Die Luft sollte zudem vom Duft der schweren Arbeit gereinigt werden. Gleichzeitig schützte das wohlriechende Kraut vor Hexen- und Teufelsspuk und anderem Ungemach. Dost durfte im Kräuterstrauß zu Mariä Himmelfahrt nicht fehlen. An diesem Tag in der Kirche geweiht, galt er als besonders wirkungsvoll. Die purpurroten Blüten sind eine beliebte Bienenweide. Sobald sich die ersten öffnen, informieren die Kundschafter der Bienen ihr Volk. In der freien Landschaft haben sie es inzwischen schwer, denn Blumenwiesen, blütenreiche Feldhecken und Unkräuter verschwinden immer mehr. Daher ist der Dost im Garten eine wertvolle Bienenweide.

Feld-Thymian
Thymus pulegoides

- Lippenblütler
- Juli bis Oktober
- 5 – 30 cm

Merkmale
Stängel liegend oder emporsteigend, am Grunde holzig; Blätter klein, rundlich eiförmig; Blüten in zylindrischen Köpfchen, rosarot; an Wegrändern, Wegrainen, Böschungen und Trockenrasen.

Auf Thymian gebettet

Zerstreuung und Müßiggang – Radio und Fernseher waren noch nicht erfunden – suchten die Adligen und wohlhabenden Bürger des Mittelalters in ihren Gärten. Lauschige Rosenlauben, Kräuterrasen und -bänke mit duftendem Thymian bepflanzt luden zum Picknick, Plaudern, Necken und sonstigem Zeitvertreib ein.

Kräuterbänke sind in England noch immer beliebt. Dort verglich man den **Feld-Thymian** mit einem Palast der Feen und guten Geister. Die guten Geister holte man sich mit Thymian in das Bettstroh oder trug ihn als Talisman am Gürtel. Seinen Duft schätzten vor den alten Griechen bereits die Perser und Assyrer. Parfüms und wohlriechende Essenzen durften nur ausgewählte Priester und Priesterinnen zu kultischen Zwecken herstellen. Auf diese Essenzen waren die Menschen jedoch ebenso begierig wie die Götter. Duftende Öle, Salben und aromatisierte Speisen symbolisierten bald Reichtum und Verschwendung.
Noch immer sind Wohlgerüche sehr beliebt. Duftlampen und Aromatherapie erlebten im letzten Jahrzehnt eine Renaissance. Das ätherische Öl des Thymians wirkt, durch Duftlampen verbreitet, konzentrationsfördernd und reinigt darüber hinaus auch die Luft.

Leidenschaft und Fruchtbarkeit

Die Familie der Orchideen ist weit verbreitet. Man begegnet ihnen als kleinblütige Pflanzen im kalten Norden ebenso wie als großblütige, farbenprächtige Blumen in den Baumwipfeln der Tropenwälder. In allen Erdteilen sahen die Menschen in der Orchidee ein Symbol hoher Fruchtbarkeit.

Heimische Orchideen sind selten anzutreffen. Verantwortlich für den Rückgang ist die Vernichtung ihrer Standorte. Zusätzlich gruben Sammler die Knollen aus und pflanzten sie in ihre Gärten, nutzten sie als Aphrodisiakum oder trieben mit ihnen lukrativen Handel. Das **Kleine Knabenkraut** besitzt wie alle Orchideen zwei ungleiche Knollen, die am Stängel der ausgegrabenen Pflanze baumeln und an Hoden erinnern. Darauf nehmen die Namen Bezug. Das griechische „orchis" bedeutet wie der altdeutsche Begriff „Knabe" Hoden. Die Knollen enthalten jedoch keine aphrodisischen Wirkstoffe, sondern nur Stärke.

Kleines Knabenkraut
Orchis morio

- **Orchideengewächse**
- **Mai bis Juni**
- **10 – 30 cm**

Merkmale

Stängel kantig, beblättert; Blätter lanzettlich; Blüten in lockeren Ähren, Lippe mit waagrecht abstehendem Sporn, die übrigen Blütenblätter neigen sich helmförmig zusammen; streng geschützt.

Blaue Blüten

Blaue Blumen entdecken wir im Wald, auf den Wiesen oder am Wegesrand. Ihr Blau kommt in vielen Abstufungen vor. Himmelblau erscheint das Vergissmeinnicht, Azurblau der Ehrenpreis. Rein ist das Blau des Enzians, fast Schwarzblau die Teufelskralle. Das Blau wandelt sich, mit Weiß vermengt, zum blassen Blau des Blausterns oder, mit Rot gemischt, zur vielschichtigen Variation der Blauvioletttöne, wie sie Glockenblumen, Salbei, Wiesen-Storchschnabel oder Veilchen aufweisen.
Selten treten blaue Blumen in großer Zahl auf. Eine Blumenwiese kann aus der Ferne zwar weiß, gelb oder rot erscheinen, doch nie blau. Stets mischen sich zur Blütezeit der blauen Blumen andere Farbtöne in das Gesamtbild. Nur die auf den Feldern als Gründüngung genutzte Phazelia oder der am Morgen strahlend blaue einjährige Lein zaubern in die Landschaft blaue Flächen. Sie wirken wie ferne Seen. Blau ist die Farbe der großen Ferne, der Unendlichkeit und damit auch die Farbe der Sehnsucht. Die Sehnsucht finden wir in der blauen Blume der Romantik wieder. Die blaue Blume steht für die Suche nach dem Lebenssinn. Ob nun Rittersporn, Gedenkemein oder die Sibirische Schwertlilie die blaue Blume ist, das mag jeder für sich entscheiden.

Gewöhnliche Nachtviole
Hesperis matronalis

- Kreuzblütler
- Mai bis Juli
- 40 – 100 cm

Merkmale

Stängel aufrecht; Blätter eiförmig bis lanzettlich, meist gezähnt, behaart; Blütenstand locker, Blüten violett oder weiß; Schoten.

Unscheinbar am Tag, berauschend im Mondschein

Die Nachtviole, deren hübscherer Name Mondviole lautet, wirkt recht unscheinbar. Doch in lauen Sommernächten tritt sie mit ihrem Duft umso stärker hervor. Abend- und Nachtfalter, wie der weiß-orange Aurorafalter, werden angelockt. Sie sorgen, wenn sie sich an der Nektarbar bedienen, für die Bestäubung.

Die **Gewöhnliche Nachtviole** ist bei uns ein Gartenflüchtling, der nur in den Südostalpen heimisch ist. Nicht immer waren die Gerüche der menschlichen Umwelt angenehm. Vielmehr stanken in manchen Epochen die Menschen ebenso wie ihre Wohnungen und Städte. Deshalb umgaben sich vor allem Adlige und reiche Bürger gern mit guten Gerüchen. Der Duft war einer der Gründe, weshalb die Nachtviolen in den Gärten gehegt, gepflegt und gezüchtet wurden. Die Nachtviole ist am Tag fast geruchlos. Erst wenn die Sonne sinkt, entfaltet sie ihren lieblich, veilchen-nelkenartigen Duft. Sie ist die Duftkönigin der Nacht. Im Herbst, wenn die Fruchtklappen abgefallen sind, bleiben die silberweißen Scheidewände zurück. Es sind die Silberlinge, die im Garten wie im Trockenstrauß sehr attraktiv aussehen.

Das Waschbecken der Venus

Die Stängelblätter der Karde bilden kleine Tröge, in denen sich Wasser sammelt. Venus-Waschbecken nennt sie der Volksmund. Früher glaubte man, die Pflanze würde die im Wasser schwimmenden Insekten fressen. Doch die Karde ist kein Insektenfresser, sondern schützt sich mit ihren Waschbecken vor kletternden Insekten.

An Wegen und auf brachgefallenen Flächen mit kalk- und stickstoffhaltigem Boden überragt die **Wilde Karde** alle übrigen Pflanzen. Sie ist eine zweijährige Pflanze, deren bläulich violette Blüten hauptsächlich von Schmetterlingen und Hummeln aufgesucht werden. Die Hochblätter in den Blütenköpfchen sind biegsam und können nicht wie die der Weber-Karde zum Aufrauen der Wolle verwendet werden. Auch im verblühten Zustand sehen sie reizvoll aus. Im Garten ist die Wilde Karde im Winter besonders dann attraktiv, wenn sie von Raureif überzogen wird.

Wilde Karde
Dipsacus fullonum

- Kardengewächse
- Juli bis August
- 90 – 150 cm

Merkmale

Stängel stachelig; Blätter sitzend, am Grund paarweise verwachsen, gekerbt, Rand selten stachelig; Blüten in einem eiförmigen Köpfchen.

Kreuz-Enzian
Gentiana cruciata

- Enziangewächse
- Juli bis August ✤
- 15 – 50 cm

Merkmale

Stängel violett überlaufen; Blätter länglich lanzettlich, kreuzweise übereinander gestellt, fast ledrig; Blüten eng glockenförmig in end- oder blattachselständigen Büscheln.

Sein Markenzeichen ist das Kreuz

Alles an ihm ist kreuzförmig angelegt. Der Blütensaum der blauen, außen grünlichen Blüten bildet ein Kreuz. Die Blattpaare stehen kreuzförmig zueinander. Und im Stängel- und Wurzelmark befindet sich ein kreuzförmiger Hohlraum. Deshalb war im Mittelalter die Pflanze das Symbol für die Erlösung durch Christus.

In der mittelalterlichen Mystik suchte man im **Kreuz-Enzian** viele Geheimnisse und sagte ihm allerlei Wunder nach. Ähnlich der Silberdistel schrieb man auch den Wurzeln des Kreuz-Enzians heilende Kräfte bei Pesterkrankungen zu. Er wurde gegen Unheil, Zaubersprüche und als Heilpflanze gleichermaßen eingesetzt. Jäger legten ein Stück heimlich geweihte Wurzel auf ihren Flintenstein, damit dieser nicht verhext wurde und sie ihr Ziel trafen. Wie allen Enzian-Arten schrieb man auch dem Kreuz-Enzian aphrodisische Kräfte zu. Daher war er in Liebesmittelchen enthalten und ein Gewinn bringendes Handelsgut kräuterkundiger Frauen. Der Kreuz-Enzian ist eine Blume der Kalk-Magerrasen und lichten Eichenwälder. Er ist jedoch wegen des Verlusts seiner Standorte selten geworden. Allerdings wird er kultiviert und kann jeden gerölligen Steingarten bereichern.

Die vierzehn Kräuter des Isenheimer Altars

Pest, Syphilis und die Mutterkornvergiftung grassierten am häufigsten unter den Menschen des Mittelalters. Die Heilkundigen versuchten sie mit dem Antoniusbalsam, das aus vierzehn Kräutern bestand, zu kurieren. Diese vierzehn Kräuter malte Matthias Grünewald auf den linken Flügel des berühmten Isenheimer Altars.

Die vierzehn Kräuterarten sind sehr naturgetreu abgebildet. Deutlich ist unter ihnen der **Gamander-Ehrenpreis** zu erkennen. Das genaue Rezept des Antoniusbalsams, das wie viele andere im Mittelalter geheim gehalten wurde, ging im 30-jährigen Krieg unter. Zahlreiche Geschichten berichten von den heilenden Kräften des Gamander-Ehrenpreises. So soll ein Hirte den König von Frankreich mit einem Absud aus dieser Pflanze geheilt haben. Seitdem nannte der König das Kraut Ehrenpreis. Manche vermuten dagegen, dass der Name eher auf eine Sitte an den Artushöfen zurückgeht. Nach einem gewonnenen Turnier wurde die blaue Frühlingsblume dem Ritter als Ehrenpreis überreicht. Zahlreiche Arten schmücken in verschiedensten wunderschönen Blauschattierungen als Polster- oder Hochstauden die Gärten.

Gamander-Ehrenpreis
Veronica chamaedrys

- Braunwurzgewächse
- April bis Juni
- 15 – 30 cm

Merkmale

Stängel aufsteigend; Blätter gegenständig, gekerbt, behaart; Blüten in lockeren Trauben, Blütenblätter fallen leicht ab, blau mit dunklen Adern.

Gewöhnliche Akelei
Aquilegia vulgaris

- Hahnenfußgewächse
- Juni bis Juli
- 30 – 60 cm

Merkmale
Blätter und Blüten lang gestielt; Blätter doppelt dreiteilig, oberstes Blatt sitzend; Blüte blauviolett, Sporn gebogen; in Laubwäldern und auf Bergwiesen.

Der Sporn verletzt keinen

Der Blütennektar der Akelei wird im Sporn aufbewahrt. Er ist nur für Insekten mit langem Rüssel erreichbar. Dabei erfolgt gleichzeitig die Bestäubung. Einige kurzrüsselige Insekten sind jedoch erfindungsreich. Sie beißen den Sporn von außen auf und rauben den Nektar, ohne ihre Arbeit, die Bestäubung, zu erledigen.

Die **Akelei** trägt viele Namen. Einer bezieht sich auf das lateinische Wort „aquila = Adler“, da der Sporn wie der Schnabel und die Krallen eines Adlers gekrümmt sind. Dagegen bezeichnen die Engländer die Akelei als „Columbine Flower“. Die Gestalt des Honigblatts erinnert sie entfernt an eine Taube. Den zarten Elfen und der Göttin Freyja weihten die Germanen diese Blume und nannten sie Elfenhandschuh. Im Christentum erhielt Maria sie als „Unserer lieben Frauen Handschuh“ zum Symbol. Die geheimnisvoll geformte Blüte der Akelei verbirgt in ihrem Grundriss ein regelmäßiges Fünfeck, das Pentagramm. Es verlieh der Akelei unter Künstlern und Mystikern der Gotik den Ruf einer Pflanze mit antidämonischer Wirkung. Im Garten breitet sich die Akelei an Gehölzrändern, Mauern und Rabatten, die zeitweilig im Schatten liegen, gern aus. Recht farbenfroh sind die verschiedenen Akelei-Arten aus Nordamerika (kleines Bild oben).

Vertreibt dunkle Gedanken

Schwermütige, dunkle Gedanken belasteten zu allen Zeiten einzelne Menschen. Man suchte mit allerlei Mitteln diesen Depressionen zu begegnen. Dabei galt der Storchschnabel als hilfreich. Der Traurige musste nur Storchschnabel auf sein Brot streuen, um auf heitere Gedanken zu kommen.

Wiesen-Storchschnabel
Geranium pratense

- Storchschnabelgewächse
- Juni bis September
- 30 – 60 cm

Merkmale

Stängel aufrecht; Blätter handförmig, siebenspaltig oder siebenteilig; Blüten zu zweit, nach dem Verblühen Blütenstiel herabgebogen.

Der **Wiesen-Storchschnabel** ist eine typische Pflanze mäßig feuchter Fettwiesen. Seine großen, kräftig violettblauen Blüten ragen meistens aus dem Gras wiesenähnlicher Wegraine, an Grabenrändern und Bachufern empor. Nur noch selten bestimmen seine schönen Blüten das Gesamtbild einer Fettwiese. In manchen Gegenden war er früher nicht zu Hause, sondern wuchs in Kloster-, Herrschafts- und Bauerngärten. Von dort gelangte er auf die Friedhöfe. Beliebt waren vor allem die weißen und gefüllten Formen des Wiesen-Storchschnabels. Diese pflegten bereits um 1600 die Gärtner des Hortus Eystettensis im Altmühltal. Aus den Gärten und Friedhöfen verwilderte er und breitete sich in den Wiesen aus. Seiner schönen Blüte wegen, die sich während des Öffnens der Sonne zuwendet, ist der Wiesen-Storchschnabel noch immer eine beliebte Gartenpflanze, die in Weiß und Purpur die Staudenbeete schmückt.

Kleines Immergrün
Vinca minor

- Hundsgiftgewächse
- April bis Mai
- 10 – 30 cm

Merkmale
Stängel kriechend; Blätter elliptisch, ledrig, immergrün; Blüten einzeln.

Ein Kraut der Druiden

Die wundheilende Wirkung des Immergrüns kannte man seit langem. Vor allem den Kelten war sie eine wichtige Heilpflanze. Denn von immergrünen Pflanzen gingen besondere magische Kräfte aus. Die Druiden versuchten ihre eigenen heilenden und weissagenden Kräfte durch geheimnisvolle kultische Handlungen mit Immergrün zu verstärken.

Obwohl es doch recht häufig auftritt, ist das **Kleine Immergrün** vielerorts nicht heimisch. Vielmehr ist es aus den Gärten hinausgewachsen oder aus Parkanlagen, aufgelassenen Friedhöfen, alten Burgen und Gutshöfen verwildert. Sein ausdauerndes Grün erhob das Immergrün zum Symbol der Beständigkeit, der Treue und des ewigen Lebens. Dazu trug auch die blaue Farbe der Blüten bei. Die Mädchen flochten Brautkränze aus den langen Trieben. Mütter legten kleine Kränze auf das Haupt ihrer verstorbenen Kinder. Abergläubische Menschen sahen im Immergrün ein Mittel gegen Verhexung. Selbst die Wilderer, unerschrockene und wagemutige Gesellen, bedienten sich seiner. Nackt pflückten sie in der Johannisnacht Immergrün und Eberraute (*Artemisia abrotanum*). Diese kochten sie in Essig und reinigten mit dem Sud ihre Flintenläufe, damit auch kein einziger Schuss sein Ziel verfehlte.

Vom Mäuseohr zur Blume der Sehnsucht

Die griechischen Gelehrten, die den Pflanzen Namen gaben, nannten die blaue Blume nach der Form der Blätter *Myosotis*, das Mäuseohr. Die kleine blaue Blüte mit dem gelben Mittelpunkt verglichen Dichter und Verliebte dagegen mit Mädchenaugen, aus deren Tränen das Vergissmeinnicht entstand.

Den Blumennamen Vergissmeinnicht gibt es seit dem 15. Jahrhundert. Ob das **Sumpf-Vergissmeinnicht** oder eine andere Blume damit gemeint war, ist unbekannt. Wenig später erscheint jedoch das Vergissmeinnicht als Symbol der Treue und Beständigkeit auf Bildern zu Füßen von Maria. Zur selben Zeit mahnte in Blumenstillleben zwischen den prächtigen Rosen, Tulpen und Lilien das kleine Vergissmeinnicht, über allem irdischen Reichtum und Wohlstand die Liebe zu Gott nicht zu vergessen. In vielen Erzählungen steht das Vergissmeinnicht für zärtliche Erinnerung sowie für Abschied in Liebe. Es trägt in vielen Sprachen das Nichtvergessen in seinem Namen. So lautet er im Italienischen „Non-ti-scordar-di-me“, im Französischen „Ne m’oubliez pas“ und im Englischen „Forget-me-not“. Am Gartenteich kommt die blaue Blume gut zur Geltung.

Sumpf-Vergissmeinnicht
Myosotis palustris

- Raublattgewächse
- Mai bis Juli
- 15 – 40 cm

Merkmale

Stängel kantig; Blätter länglich lanzettlich, sitzend, behaart; Blütenstand traubig; auf nassen Wiesen, an Gräben und Ufern.

Echtes Lungenkraut
Pulmonaria officinalis

- Raublattgewächse
- März bis April
- 15 – 30 cm

Merkmale
Stängel oben rau; Blätter am Grund herzförmig oder abgerundet, gestielt, oft gefleckt; Blüten schlüsselblumenähnlich, in Trugdolden.

Bayern und Franzosen

Was hat das Lungenkraut mit Bayern und Franzosen zu tun? Es sind die Blütenfarben. Zuerst erscheinen die Knospen hellpurpurn, was allmählich in Blau übergeht. In der Zeit, als die Soldaten noch in farbigen Uniformen marschierten, trugen die bayrischen Soldaten blaue und die französischen rote Hosen – daher der Name.

In lichten Laubwäldern und unter Hecken erscheint im zeitigen Frühjahr das **Echte Lungenkraut**. Es schiebt aus einer Rosette die Blütenstängel empor. Nach dem Verblühen erscheinen große Blätter, die meist weißlich getüpfelt sind. Das medizinische Denken des 16. und 17. Jahrhunderts beherrschte die so genannte Signaturlehre. Sie wies den menschlichen Organen die Pflanzen als Heilmittel zu, die in ihrer Gestalt ähnlich aussahen. In dem weißlichen Muster der Blätter sahen die damaligen Mediziner das Lungengewebe abgebildet. Folglich behandelte man Lungenkrankheiten mit Lungenkraut. Damit lagen sie sogar richtig. Denn die Pflanze wirkt bei Atemwegserkrankungen. In Gärten wurde die Heilpflanze häufig kultiviert. Inzwischen pflanzt man sie wie auch ihre Sorten (kleines Bild oben) wegen der schönen Blattzeichnung vor Gehölze und Mauern.

Modell für die Kirchenglocken

Kirchenglocken rufen zur Andacht. Ihr Erfinder soll der Bischof Paulinus von Nola gewesen sein. Während er an einem schönen Abend betend und um ein Zeichen bittend über eine Wiese schritt, läuteten als Antwort leise die Glockenblumen. Seitdem ertönt das melodische Glockengeläut.

Glockenblumen-Arten sind weit verbreitet und an ihren Blüten leicht zu erkennen. Auf mageren Wiesen, Halbtrockenrasen und an Wegrändern, aber auch im Steingarten blüht die **Rundblättrige Glockenblume**, eine genügsame Pflanze. Sie ist an geschützten Stellen im Fjäll Skandinaviens ebenso anzutreffen wie auf den alten Deichen der Elbe oder in den Alpen. Kalkhaltige Standorte meidet sie. Bienen lieben ihren Nektar. Andere Insekten sind weniger an Pollen und Nektar interessiert. Sie benutzen die nach unten hängenden Blüten als Hotel und verbringen dort, vor Regen, Kälte und Feinden geschützt, die Nacht.

Rundblättrige Glockenblume
Campanula rotundifolia

- Glockenblumengewächse
- Juni bis September
- 15 – 50 cm

Merkmale
Stängel am Grund feinflaumig; Grundblätter langstielig, rundlich, herz- oder nierenförmig, Stängelblätter schmal lineal; glockenförmige Blüten in lockeren Rispen, nickend.

Trägt noch im Frühling einen Pelz

Wenn die Kraft der Frühlingssonne zunimmt, schieben sich die Küchenschellen wie kleine Pelzkugeln durch das braune Gras. Die Blütenknospen und Stängel tragen noch ihren silberweißen Pelz. Er schützt sie vor der intensiven Sonneneinstrahlung sowie vor Temperaturschwankungen.

Gewöhnliche Küchenschelle *Pulsatilla vulgaris*

- Hahnenfußgewächse
- März bis Mai
- 5 – 30 cm

Merkmale

Blätter zwei- bis dreifach gefiedert, zur Blütezeit in Entwicklung; Blüten mehr oder weniger aufrecht, glockig, Blütenstiel mit vielzipfeligem Hochblattquirl, aufrecht.

Die Blüten der **Gewöhnlichen Küchenschelle** erscheinen im März auf Trockenrasen mit kalkhaltigem Untergrund. Neben der schönen, violetten Blüte besitzt die unter Naturschutz stehende Pflanze einen reizvollen, wolligen Samenstand. Ihr Name hat mit Küche nichts zu tun. Er wurde wahrscheinlich aus dem inzwischen unverständlichen Wort „Kücke", das so viel wie „hohle halbe Eierschale" bedeutet und auf die Form der aufrechten Blüte hinweist, in „Kühchenschelle" umgewandelt. Die Verkleinerungsform der Kuhschelle, wie sie regional genannt wird, entwickelte sich zur allseits bekannten Küchenschelle. Im Volksglauben durfte die von Geheimnissen umgebene Küchenschelle nicht abgerissen und ins Haus getragen werden, denn sie behexte die Hühner so sehr, dass sie aufhörten, Eier zu legen. Im Steingarten gedeiht die Küchenschelle ebenso gut wie ihre beliebte Sorte *P. vulgaris* 'Röde Klokke'.

Kornblume
Centaurea cyanus

- Korbblütler
- Juni bis September
- 30 – 80 cm

Merkmale
Stängel aufrecht, mehrfach verzweigt, kantig; Blätter schmal lanzettlich, unten fiederspaltig, graugrün; Blüten in großen einzelnen Körbchen, Randblüten vergrößert.

Priesterin braucht Schutz

In die gelben Getreidefelder streute Ceres, die Göttin des Ackerbaus, strahlend blaue Kornblumen. Sie sollten als Priesterinnen des Himmels die Menschen an die göttlichen Gaben erinnern. Den Landwirten waren sie jedoch ein Ärgernis, denn ihre Stängel machten die Sensen stumpf. Also bekämpften sie die Priesterinnen.

Wegen ihres klaren Blaus und der strahligen Form der Blüten standen die Kornblumen schon früh als Blumenschmuck in den Vasen. Kornblumensträuße schmückten die Kleider und Kornblumenkränze das Haar. Galt doch die **Kornblume** als Sinnbild für Treue und Beständigkeit. Bereits im 16. Jahrhundert war der Bedarf an Kornblumen so groß, dass sie von Gärtnern gezielt angepflanzt und gezüchtet wurden. Die Züchtung war sehr erfolgreich, neigt doch die blaue Blume der Treue in ihrer Blütenfarbe zur Unbeständigkeit. Diese ändert sich gelegentlich in Violett, Rosa (kleines Bild unten) und Weiß. Kornblumenkränze schmückten nicht nur die Lebenden. Im Ägypten der Pharaonen gehörten Blumengirlanden mit Kornblumen auf das letzte Ruhebett. Ein Blumenhalskragen mit Kornblumenblüten zierte Tutanchamun, als Howard Carter ihn 1922 im Tal der Könige entdeckte.

Romantik contra Geschäftssinn

Nach langem Warten verwandelte sich Klytris, die vom Sonnengott verlassene Geliebte, wie auch die auf ihren untreuen Liebsten harrende Jungfrau in eine Wegwarte. Seitdem öffnet sie gegen 6 Uhr die blauen Blüten und wendet sich der Sonne zu. Bereits um 12 Uhr schließt sie die verblassten Blüten.

In seinem Capitulare de villis befahl Karl der Große, die **Wegwarte** als Heilpflanze anzubauen. Sehr bald schätzte man sie auch als Gemüse. Die Erfindung des Zichorienkaffees aus den gerösteten Wurzeln wurde dem Hofgärtner Timme in einem Kriegskochbuch aus dem Jahre 1722 zugeschrieben. Unter G. Foerster und Major von Heine begann der Zichorienanbau in großem Stil. Friedrich der Große förderte die Kultivierung, versprach die Herstellung des Zichorienkaffees doch eine Einsparung an Devisen für die teuren Kaffeeimporte. Die romantische Blume der Treue und Sehnsucht war zu einem Handelsgut geworden.

Wegwarte
Cichorium intybus

- Korbblütler
- Juli bis September
- 30 – 120 cm

Merkmale

Stängel steif, mehrfach verzweigt; Grundblätter löwenzahnähnlich, Stängelblätter lanzettlich; Blüten in großen Körbchen.

Blauer Eisenhut
Aconitum napellus

- Hahnenfußgewächse
- Juni bis August
- 30 – 180 cm

Merkmale
Stängel aufrecht; Blätter gestielt, handförmig, fünf- bis siebenteilig, schmal-lineale Zipfel; Blüten in dichter Traube, Blütenhelm breiter als hoch, blauviolett.

Gefährliche Schönheit

Der Blaue Eisenhut ist ausgesprochen formschön. Seine Schönheit lenkt allerdings davon ab, dass er hochgiftig ist. Am giftigsten sind die jungen Wurzelknollen im Winter. Trotz seiner Giftigkeit nutzen die Menschen ihn zu Heilzwecken.

Die giftige Wirkung des Blauen Eisenhuts beruht auf dem Alkaloid Aconitin. Die Menschen wussten es zu nutzen. Zahlreiche politische Morde wurden mit Eisenhut verübt. Die berühmtesten ereigneten sich in Rom. Die Ermordung des römischen Kaisers Claudius im Jahr 54 n. Chr. und die des Papsts Hadrian VI. 1523 gehen auf sein Konto. Aphrodisische und halluzinogene Wirkungen wurden dem Eisenhut ebenfalls zugeschrieben. Die richtige Dosierung war allerdings Glückssache. Denn bei der kleinsten Überdosierung konnte der erhoffte Liebesrausch mit der letzten Reise enden. Nachhaltigere Freude schenkt der **Blaue Eisenhut** als Gartenstaude. Im Halbschatten wirken sämtliche Eisenhut-Sorten sehr attraktiv.

Grüne Farbe, blaue Zuckerwatte

Der Acker-Rittersporn ist sehr filigran, Garten-Rittersporn (*C. ajacis*) dagegen massig. Die blauen Blüten enthalten einen grünen Farbstoff. Dieser wandelt sich, mit Alaun vermischt, zu Blau. Damit färbte man einst Zuckerwatte oder stellte Augenwässerchen her.

Acker-Rittersporn
Consolida regalis

- Hahnenfußgewächse
- Mai bis September
- 15 – 50 cm

Merkmale

Stängel aufrecht, stark verzweigt; Blätter gefiedert oder dreiteilig gespalten; Blüten locker, wenigblütig.

Der **Acker-Rittersporn** ist eines der schönsten Ackerwildkräuter unserer Felder. Er wächst vor allem im Wintergetreide auf Kalkböden in wärmeren Lagen. Aufgrund dieser Vorliebe eignet er sich gut als Zeigerpflanze für warme, kalkhaltige Böden. Er stammt aus dem Mittelmeerraum und erschien früher häufig in den Getreidefeldern. Intensive Düngung und Unkrautbekämpfung sorgten dafür, dass er heute in einigen Bundesländern auf der Roten Liste der gefährdeten Pflanzen steht. Das tiefe Blau des Rittersporns ist sehr beständig. Selbst die trockenen Blüten verlieren nicht ihr Blau. Daher sahen die Menschen in ihm ein wirkungsvolles Augenmittel. Gelehrte, die in ihren Studierzimmern viel über den Büchern saßen, hängten Acker-Ritterspornsträuße in ihrer Nähe auf, damit diese die Augen schützten. Die Wirkung ist unbekannt. Trotzdem erfreuen die blauen Blüten des Acker- und Zier-Rittersporns (kleines Bild unten) noch immer unsere Augen.

März-Veilchen
Viola odorata

- Veilchengewächse
- März bis Oktober
- 5 – 10 cm

Merkmale
Blütenstiel aus Blattrosette; Blätter herzförmig bis breiteiförmig; Blüte mit geradem Sporn, dunkelviolett, duftend.

Bescheidenheit mit Expansionsdrang

Klein und zart erscheint das Veilchen. Allerdings besitzt es einen starken Expansionsdrang. Nach der Blüte bilden sich kleine Ranken mit feinen Zugwurzeln aus. Diese ziehen die aufstrebenden Ranken auf den Boden zurück, so dass sich daraus Jungpflanzen entwickeln und üppige Veilchenpolster entstehen.

Die Bescheidenheit des **März-Veilchen**s wird in Liedern und Gedichten viel gerühmt. Eigenartigerweise war das Veilchen die Lieblingsblume vieler Menschen, die nach Macht und Einfluss, sei es in Politik, Dichtung oder anderen Bereichen, strebten. Homer, Mohammed, Rousseau, Napoleon, Goethe, Kaiser Wilhelm I. und Churchill besaßen eine Vorliebe für das Veilchen. Vielleicht kannten sie die ungeheure Vitalität dieser Pflanze. Vielleicht war es auch die purpurviolette Farbe, die bis zur Erfindung synthetischer Farbstoffe nur mit Gold aufzuwiegen war. Edle Düfte standen nur den antiken Göttern zu. Doch den Menschen gefielen sie ebenfalls. In ihren Palast- und Villengärten wuchsen Veilchenteppiche und andere duftende Blumen. Ihre Gäste empfingen sie mit wohlduftenden Blumenkränzen, verziert mit Veilchen, Rosen und Krokus. Veilchenparfüm und kandierte Veilchenblüten wiesen dezent auf den Reichtum hin.

Ist er die blaue Blume?

Die meisten Menschen lieben Blau. Blau beruhigt und soll auf Innerlichkeit hinweisen, sagen die Farbpsychologen. Die Farbe Blau ist in der Blumenwelt reich vertreten. Ein kräftiges Blau mit einem schwachen Hauch von Rot besitzt der Kriechende Günsel. Ist er die blaue Blume der Romantik?

Kriechender Günsel
Ajuga reptans

- Lippenblütler
- Mai bis Juni
- 15 – 30 cm

Merkmale

Stängel vierkantig; Grundblätter rosettig, Stängelblätter kreuzgegenständig; Blüten ohne Oberlippe, mit dreilappiger Unterlippe, Blüten in Scheinquirlen in den Blattachseln.

Hoch über der Stadt Eichstätt ragt die Willibaldsburg, ein Lustschloss der Spätrenaissance, empor. Hier liegt der berühmte Garten von Eichstätt, der Hortus Eystettensis. In ihm wurde schon um 1600 neben geflammten Tulpen, weißen Narzissen, rosa Pfingstrosen und leuchtend rotem Mohn der blau blühende Kriechende Günsel als Zierpflanze gezogen. **Kriechender Günsel**, eine Pflanze der feuchten, nährstoffreichen Wiesen, ist in Gärten noch immer beliebt. Eignet er sich doch gut als Bodendecker unter Gebüschen oder zwischen den Himbeeren. Mit seinen Ausläufern bildet er ohne zu schaden eine dichte Decke. Gelegentlich treten Mutanten mit weißen (großes Bild unten) und rosa Blüten oder rötlichen Blättern auf. Der Kriechende Günsel galt früher im Volk als Wundkraut, da die reichlich vorhandenen Gerbstoffe zusammenziehend wirken. Inzwischen ist seine Heilkraft vergessen.

Gewöhnlicher Gundermann
Glechoma hederacea

- Lippenblütler
- März bis Mai
- 15 – 60 cm

Merkmale
Stängel meist aufsteigend, vierkantig; Blätter gegenständig, nieren- oder herzförmig, Rand gekerbt, immergrün; zwei bis drei Blüten in den Blattachseln.

Ach du grüne Neune

Schon immer spielte die Zahl Neun eine besondere Rolle. Die Ägypter verehrten die Götterneunheit, die Griechen die neun Musen und die Nordgermanen die neun Mütter. Neun Kräuter befanden sich in den Kräutersträußen, die an Gründonnerstag in der Kirche geweiht wurden. Eines der Kräuter war der Gundermann.

Den meisten Menschen erscheint Aberglaube lächerlich. Sie glauben nicht an die Verhexung von Kühen, Milch und Menschen. Die Neun blieb jedoch als besondere Zahl im menschlichen Alltag erhalten. Die neunerlei Gründonnerstagkräuter sind meist zum Verzehr oder wegen ihres Gerbstoffgehalts als Heilpflanzen geeignet. In Ei gebacken oder als Suppe und Gemüse angerichtet, galten sie als Kultspeise, um das ganze Jahr von Krankheiten verschont zu bleiben. Auch heute werden grüne Suppen und Soßen aus neunerlei Kräutern gekocht. Der **Gewöhnliche Gundermann** ist eines dieser Kräuter. Die zartblauen Blüten des Gundermanns zeigen sich im Frühling als Erstes unter Hecken, an Mauern, Zäunen und auf Wiesen. Aufgrund seines dichten Wuchses und der immergrünen, im Winter rötlichen Blätter ist der Gundermann auch im Garten als Bodendecker im Halbschatten beliebt.

Ein würziges Bier darf nicht fehlen

Sauberes Trinkwasser ist heute in Europa eine Selbstverständlichkeit. Im Mittelalter war sauberes Wasser jedoch in dicht besiedelten Gegenden selten. Oft schmeckte es faulig und enthielt Krankheitskeime. Um die Trinkqualität zu verbessern, braute man Bier und würzte dieses mit Wiesen-Salbei.

Wiesen-Salbei
Salvia pratensis

- Lippenblütler
- Mai bis Juli
- 20 – 60 cm

Merkmale

Stängel vierkantig, etwas klebrig; Blätter meist grundständig, eiförmig, unregelmäßig gekerbt, runzelig; vier bis acht Blüten, quirlständig.

Ähnlich wie der Echte Salbei (*S. officinalis*) wirkt der **Wiesen-Salbei**, wenn auch weniger stark, keimtötend. Die biologischen und chemischen Abläufe waren den Bierbrauern damals noch nicht bekannt, doch sie kannten die Wirkung der Salbeiwürze. Es erkrankten weniger Menschen am Bier als am schlechten Wasser. Daher war Bier oder Wasser mit Bier verdünnt das tägliche Getränk. Wiesen-Salbei ist mit seinen dunkelblauen Blüten häufig auf Halbtrockenrasen und sonnigen Bergwiesen zu entdecken. Er benötigt einen kalkhaltigen Untergrund und mag es nur zeitweilig feucht. Wegen seiner dunkelblauen Blüten, die Treue und Erinnerung symbolisieren, ist der Wiesen-Salbei sehr beliebt. In England glaubte man allerdings, dass Salbei nur dann erblüht, wenn der Ehemann nicht Herr im eignen Hause ist. Deshalb zwickte so mancher Gatte die Knospen regelmäßig ab.

Grüne und braune Blüten

Auch wenn grün und braun blühende Blumen nicht durch eine farbenprächtige Blüte auffallen, finden die Insekten den Weg zu ihnen. Es ist der Duft, der sie anlockt. Nicht selten ist der Geruch für die menschliche Nase unangenehm. Doch für so manches Insekt verspricht der Gestank eine ergiebige Nektarquelle.
Grün ist Leben, heißt ein Werbeslogan. Und tatsächlich hängt alles Leben von den Pflanzen ab. Alles beruht auf den Pflanzen, die Luft zum Atmen, die Nahrung oder die auf unsere menschlichen Nerven entspannend wirkende Natur. Ohne das pflanzliche Grün würde auf diesem Planeten kein Tier und kein menschliches Wesen existieren. Doch das Grün ist vom Braun, der Erde, abhängig. Aus der Erde sprießt das Grün empor.
Einige der farblich wenig spektakulären Blumen haben inzwischen ihren Weg in die Gärten gefunden. So ist der Frauenmantel aufgrund seines schleierartigen Blütenstands, die Haselwurz wegen ihrer glänzenden immergrünen Blätter sehr beliebt. Andere Arten wie verschiedene Aronstabgewächse werden, trotz des Gestanks, ihrer interessanten Blütenformen wegen in den Garten gepflanzt.

Gewöhnliche Haselwurz
Asarum europaeum

- Osterluzeigewächse
- April bis Mai ✤
- 5 – 15 cm

Merkmale
Kräftig kriechende Pflanze; Blätter glänzend, nierenförmig; Blüten kurz gestielt, grünlich rot, glockenförmig.

Wider Gift und Kater

Im Schatten der Laubwälder wächst auf kalk- und humushaltigen Boden die Haselwurz. Sie ist eine giftige Pflanze, die zerrieben scharf riecht. Ihre Rhizome enthalten das bitter schmeckende Asarin, das auch die Schleimhäute reizt. Man setzte sie bei Vergiftungen oder verdorbenen Speisen als Brechmittel ein.

„Wirtshauswurzel = racine de cabaret" nannten die Franzosen die **Gewöhnliche Haselwurz**. Nach hemmungsloser Sauferei und Völlerei entleerten sie ihren Magen mit Hilfe des Haselwurzrhizoms. Anschließend konnte das Zechen von neuem beginnen. Ob Karl der Große diese Wirkung im Sinn hatte, als er befahl, die damals unter dem Namen Vulgaginum bekannte Pflanze zu kultivieren, ist unbekannt. Auf jeden Fall schätzte man, sowohl im Altertum als auch im Mittelalter, die Haselwurz als eine wirkungsvolle Arzneipflanze. Sie war zudem ein altbekanntes Abtreibungsmittel. Die Haselwurz ist immergrün. Ihre Blätter wirken im Winter mattblaugrün. Im Frühjahr dagegen entfalten die jungen Blätter ihre glänzende Schönheit. Als Bodendecker, verflochten mit anderen Frühlingsblumen, bildet sie im Garten eine schöne Bepflanzung im lichten Schatten von Bäumen und Sträuchern.

Futterpflanze von Admiral und Co

Auf Schuttplätzen und auf Misthaufen, aber auch in stickstoffreichen Laubwäldern gedeiht die Brennnessel. Besitzergreifend nimmt sie große Flächen in Beschlag. Die Raupen des Admirals, Distelfalters, Kleinen Fuchses und anderer schöner Schmetterlinge stört das nicht. Sie fressen die Brennnessel.

Große Brennnessel
Urtica dioica

- Brennnesselgewächse
- Juni bis Oktober
- 30 – 150 cm

Merkmale

Pflanze mit Brennhaaren; Stängel aufrecht, vierkantig; Blätter länglich herzförmig, grob gezähnt; Blüten rispenartig, hängend.

Unbeliebt macht sich die **Große Brennnessel** mit ihren Brennhaaren. Diese bestehen aus glasartigen, spröden Zellgebilden, deren Spitzen in die Haut eindringen. Dort entleeren sie die in ihnen befindliche Flüssigkeit, die Acetylcholin, Histamin und Serotonin enthält und Rötung, Blasenbildung sowie Jucken verursacht. Diese Eigenschaft nutzte man im Mittelalter bei rheumatischen Leiden, indem die erkrankten Körperstellen mit Brennnesseln ausgepeitscht wurden. Beliebter und angenehmer ist dagegen ihre kulinarische Verwendung als Gemüse, Brennnessel-Kartoffel-Suppe oder unter Quark gemischt. Stets sollten die jungen Sprossen und Blätter vor der Blüte verarbeitet werden. Würzig schmecken Brennnesselblätter auch in Weinteig gebacken und mit Wildkräutersirup beträufelt. Eine Brennnesselecke im Garten ermöglicht weitere Küchenexperimente und bietet Raupen einen Futterplatz.

Gewöhnlicher Frauenmantel
Alchemilla xanthochlora

- Rosengewächse
- Mai bis Oktober ✤
- 10 – 50 cm

Merkmale

Stängel aufrecht oder aufsteigend; Blätter rundlich nierenförmig, sieben- bis elflappig, gezähnt; Blüten unscheinbar, gelblich grün, geknäult, in verzweigten Blütenständen.

Meistens auch ohne Regen nass

Am Morgen, wenn die Sonne auf die Blätter des Frauenmantels scheint, glänzen kleine Tropfen, Silberperlen gleich, am Blattrand. In der Blattmitte liegt ein großer Tropfen. Es sind keine Tautropfen, die an den Blättern hängen. Vielmehr presst die Pflanze das Wasser bei hoher Luftfeuchtigkeit hinaus.

Diese Tropfen hielten die Menschen für himmlisches Wasser. Denn der Himmelstau an und in den Blättern des **Gewöhnlichen Frauenmantel**s erschien in der kühlen Färbung der Morgensonne silbern und in der warmen Tönung der Abendsonne golden. Es musste also ein ganz besonderes Wasser sein. Die Vorgänger unserer Chemiker, die Alchimisten, sammelten das überschüssige Wasser des Frauenmantels und versuchten mit seiner Hilfe vergeblich, aus unedlen Metallen Gold herzustellen. Schon lange vergessen, leben die experimentierfreudigen Alchimisten im lateinischen Namen *Alchemilla* fort. Der germanischen Sage nach war der Frauenmantel der nordischen Göttin Freyja geweiht. Die Wassertropfen entstanden aus ihren goldenen Tränen, die sie um ihren Gemahl Odin weinte, als er in ferne Lande zog. Wegen dieser goldenen Tränen ist der Frauenmantel auch als Gartenstaude sehr beliebt.

Fußtritte der Bleichgesichter

nannten die Indianer Nordamerikas die Wegerich-Arten. Sie kamen erst mit dem weißen Mann über den Atlantik auf den neuen Kontinent. Ihre Samen besitzen eine gallertartige Hülle, die bei feuchtem Wetter quillt. Sie kleben an jeder Schuhsohle und lassen sich so über weite Strecken transportieren.

Spitz-Wegerich
Plantago lanceolata

- **Wegerichgewächse**
- **Mai bis Oktober**
- **5–50 cm**

Merkmale

Stängel gefurcht; Blätter rosettig, lanzettlich, parallelnervig; Blüten unscheinbar, in eiförmiger Ähre, Staubgefäße weißlich, später braun.

Auf Wegen und harten, verdichteten Rasenflächen ist der **Spitz-Wegerich** anzutreffen. Er ist ein typische Vertreter der so genannten Trittflora. Vielleicht bezieht sich sein indianischer Name auch auf seine Vorliebe für diesen Standort. Die in Europa weit verbreitete Pflanze gehört zu den uralten Heilmitteln. Als blutstillendes Mittel wurde sie ebenso eingesetzt wie bei Entzündungen der Haut und der Atemwege oder gegen Insekten- und Skorpionstiche. Heute findet sie als Tee oder Blattpresssaft in der Volksmedizin ihre Verwendung. Beliebt bei Husten sind Spitz-Wegerich-Bonbons. Sie lassen sich leicht selber herstellen. Dazu wird Zucker in Wasser aufgelöst und mit fein geschnittenem Spitz-Wegerich langsam eingedickt. In kleinen Formen kann der abgeseihte Sirup erkalten. Etwas schneller lässt sich Spitz-Wegerich zu einer würzigen Kräutersuppe oder im Salat verarbeiten.

Breitblättriger Rohrkolben
Typha latifolia

- Rohrkolbengewächse
- Juni bis August ✤
- 90 – 250 cm

Merkmale
Blätter beiderseits flach, 1 – 2 cm breit, blaugrün; Blüten in langen Kolben, weibliche Blüten unterer schwarzbrauner Kolben, darüber gelbbrauner Kolben mit männlichen Blüten.

Panflöte und Dichtungsmaterial

Pan, der Waldgott, war nicht nur musikalisch, sondern auch ein unersättlicher Schürzenjäger. Als er wieder einmal die Nymphe Syrinx verfolgte, floh sie in den Sumpf. Hier kam er nicht hinterher und klagte. Zum Trost ließ Syrinx ihm das Rohr wachsen, damit er wenigstens Material für seine Flöte bekam.

Die Menschen wussten den **Breitblättrigen Rohrkolben**, der vor allem im Verlandungsbereich stehender Gewässern vorkommt, auf vielfältigste Art und Weise zu nutzen. Die getrockneten Blätter verwandten sie, um die Fugen zwischen den Fassdauben und an den Häusern zu dichten. Auch deckten sie mit den Stängeln ihre Hausdächer und verheizten sie als Brennmaterial. Die ärmere Landbevölkerung füllte ihre Bettdecken mit der weichen Samenwolle (kleines Bild oben). In verschiedenen Gegenden ist der Rohrkolben mit seinen braunen Flaschenbürsten seltener geworden. Teilweise ist der Rückgang auf Entwässerungsmaßnahmen, teilweise aber auch auf übermäßiges Ernten für Trockensträuße und Gestecke zurückzuführen. Dabei ist es sehr einfach, diese Pflanze wie auch den Zwerg-Rohrkolben (*T. minima*) am Gartenteich und sogar in Kübeln zu ziehen.

Rarität aus Konstantinopel

Die Europäer kennen den Kalmus seit 1574. Ein türkischer Diplomat schenkte dem Botaniker Clusius ein lebendes Rhizomstück, der die Rarität in den Wiener Botanischen Garten pflanzte. Zuvor kannten die Europäer Kalmus nur als gezuckerte Wurzelstückchen, welche die Apotheker aus Konstantinopel bezogen.

Das Rhizomstück wuchs an. Nach drei Jahren schob der **Kalmus** an mehreren Stängeln seine Kolben mit den kleinen gelbgrünen Blüten hervor. Eine Blattspitze, die typisch für die Aronstabgewächse ist, überragt jeden Kolben. Die Enttäuschung der Botaniker war recht groß. Vermuteten sie doch aufgrund der aromatischen Wurzel eine ähnlich schöne Blume wie die Iris. Sein Aussehen ähnelte jedoch mehr dem eines Rohrkolbens. Deshalb nannten sie ihn *Acorus calamus*, das unschöne Rohr. Wegen der ätherischen Öle und Bitterstoffe in den Rhizomen baute man Kalmus zeitweilig als Heilpflanze feldmäßig an.

Kalmus
Acorus calamus

- Kalmusgewächse
- Juni bis Juli ✤
- 90 – 160 cm

Merkmale
Stängel flachgedrückt, rinnig; Blätter schilfartig; Blütenkolben scheinbar seitenständig, Blüten unscheinbar.

Fliegenfalle ohne tödlichen Ausgang

Das tütenförmige Hüllblatt des Aronstabs umschließt den Blütenkolben und lockt Insekten an, die zum Nektar hinabkriechen. Sperrhaare halten die Insekten gefangen. Während sie umherschwirren, befruchten sie die Blüten. Erst wenn alle Staubgefäße reif sind, welken die Sperrhaare und geben die Insekten wieder frei.

Gefleckter Aronstab
Arum maculatum

- Aronstabgewächse
- April bis Juni ✤
- 15 – 50 cm

Merkmale
Blätter pfeilförmig, dunkelgrün, gelegentlich braun gefleckt; Blüten unten am keulenförmigen Kolben, umgeben von grünweißlichem, oft rot überlaufenem Hüllblatt.

Im schattigen Unterwuchs feuchter Laubwälder hebt sich das helle Hüllblatt des **Gefleckten Aronstab**s besonders gut ab. Der unangenehme Geruch und vor allem die warme Luft in der Blütenscheide locken Insekten, meistens Fliegen, an. Die Blütenscheide ist ein beliebter Übernachtungsort, denn in ihrem Inneren ist die Temperatur bis zu 15 °C höher als in der Umgebung. Während ihrer Gefangenschaft ernähren sich die Insekten vom Nektar. Nach der Befruchtung entwickeln sich rote Beeren. Die Bestandteile der getrenntgeschlechtigen Blüte nutzte man früher als Hinweis für die zu erwartende Ernte. War die Kolbenspitze kräftig entwickelt, wies dies auf eine gute Getreideernte hin. Die darunter liegenden Sperrhaare gaben Auskunft über die Heuernte, die männlichen Blüten über die Obsternte und die weiblichen Blüten über die zu erwartende Weinernte.

Stinkende Nieswurz
Helleborus foetidus

- **Hahnenfußgewächse**
- **Februar bis April**
- **30 – 60 cm**

Merkmale

Stängel von unten an beblättert; wintergrünes, handförmiges Blatt; Blütenstand verzweigt, glockenförmige, grüngelbe Blüten mit rötlichem Rand, unangenehmer Geruch.

Wirkt wie Schnupftabak

Zu Recht trägt die Nieswurz ihren Namen. Denn aus dem getrockneten, schwarzbraunen Wurzelstock lässt sich ein Niespulver herstellen. Gelangt das Pulver auf die Nasenschleimhäute, reizt es diese und löst heftiges Niesen aus. Alle Nieswurz-Arten enthalten das giftige Helleborein.

Auch der botanische Name *Helleborus* warnt vor der Nieswurz. Er stammt vom griechischen „helo = ich bin tödlich“ und „bora = die Speise“ ab. Ihr Genuss kann also tödlich sein. In kleinen, wohldosierten Mengen setzten die alten Griechen Nieswurz als Heilmittel bei Geisteskrankheiten ein. Die Gallier hingegen bestrichen ihre Pfeile und Speere mit dem Pflanzensaft, weil sie glaubten, dass das Fleisch des erlegten Wilds dann bedeutend zarter sei. Schon damals waren die Franzosen Feinschmecker. Rings um die Wunde schnitten sie das Fleisch allerdings sicherheitshalber aus. Die **Stinkende Nieswurz** kommt in Laubwäldern mit hoher Luftfeuchtigkeit auf kalkhaltigem Boden vor. Im Garten wächst sie wie auch die Schwarze Nieswurz (*H. niger*, kleines Bild Mitte) gut unter Gehölzen und im Schatten von Mauern.

Vom Winde verweht

Der Feld-Mannstreu ist eine Pflanze der Trocken- und Halbtrockenrasen. Warme, steinige und kalkhaltige Böden liegen ihm sehr. Im Herbst zerrt der Wind an seinen kugeligen Fruchtständen und treibt sie schließlich vor sich her. Unstet jagen sie hin und her. Darauf bezieht sich ironisch der Name Mannstreu.

Feld-Mannstreu
Eryngium campestre

- Doldenblütler
- Juli bis August
- 15 – 50 cm

Merkmale

Stängel verzweigt; Blätter mit stechenden Dornen; Blüten in fast kugeligen Dolden, Hülle der Dolde dornig.

Der dornige **Feld-Mannstreu** wirkt ausgesprochen apart. Die grünlichen Blütendolden erscheinen gelegentlich bläulich überhaucht. Künstler faszinierte die bizarre, starre Schönheit der Mannstreu-Arten. Albrecht Dürer malte sie 1493 auf einem seiner jugendlichen Selbstporträts. Später erschien dieses Gewächs immer wieder auf seinen Gemälden, Stichen und Zeichnungen. Weniger künstlerisch ist die Verwendung als Fliegenfalle. Zu diesem Zweck wurden im Winter die Blütenstängel unter die Decke der Stube oder im Tanzsaal aufgehängt. Beliebt ist der Mannstreu unter den Gartenfreunden. Bereits um 1560 wird der Feld-Mannstreu als Gartenpflanze genannt. Durch Selektion und Kreuzung entstanden neue Arten, die mit ihren blauen Blütendolden sowie den blaugrau bereiften Blättern und Stängeln in jedem sonnigen Staudenbeet bizarr wirken.

Echte Tollkirsche
Atropa bella-donna

- Nachtschattengewächse
- Juni bis Juli
- 50 – 150 cm

Merkmale

Stängel verzweigt; Blätter eiförmig, gestielt; Blüten grünbraun bis violett, einzeln in den Blattachseln, glockenförmig, nickend; Beeren kirschgroß, schwarz, glänzend.

Bella donna – schöne Frau

Schönheit zu erlangen war schon immer das Bestreben vieler Menschen. Frauen mit großen Augen galten in früheren Zeiten als besonders begehrenswert. Deshalb träufelte sich so manche Frau verdünnten Tollkirschsaft in die Augen. Daraufhin weiteten sich die Pupillen stark und ihre Augen glänzten feurig – bella donna.

In der ebenmäßigen, schwarz glänzenden Beere der giftigen **Echten Tollkirsche** vermuteten die Menschen einen verführerischen weiblichen Geist, der sie glücklich machte. Um Glück in der Liebe zu erlangen, gebrauchte man in der Antike den mit Wein verdünnten Saft der Tollkirsche als Aphrodisiakum. Erotische Halluzinationen stellten sich ein, die bei falscher Dosierung mit Wahnsinn, Wut und Tod enden konnten. Dann hatte die Schicksalsgöttin Atropos den von ihren Schwestern gesponnenen und in der Länge festgelegten Lebensfaden abgeschnitten. So mancher Lebensfaden wurde mit Hilfe der Tollkirsche gekappt. Mitte des 11. Jahrhunderts setzten die Schotten die Tollkirsche als Kriegslist ein, indem sie den belagernden Dänen mit Tollkirsche vergiftete Lebensmittel schickten. Ausgehungert vergaßen die Dänen jede Vorsicht, verzehrten die Lebensmittel und verloren den Krieg.

Der Aberglaube müder Wanderer

In früheren Zeiten, die Eisenbahn gab es noch lange nicht, war Reisen sehr anstrengend. Die meisten Menschen gingen zu Fuß, Reiche fuhren in der Kutsche. Im Glauben, ihre Müdigkeit bekämpfen zu können, streuten sich die Wanderer Beifußpulver in die Schuhen. Die Ermüdung stellte sich trotzdem ein.

Gewöhnlicher Beifuß

Artemisia vulgaris

- **Korbblütler**
- **Juli bis Oktober**
- **50 – 150 cm**

Merkmale

Stängel verzweigt, bräunlich oder rötlich überlaufen; Blätter fiederteilig, oben dunkelgrün, unten weißfilzig behaart, aromatischer Geruch; Blüten bräunlich rötlich bis gelbliche Körbchen, traubig ährig angeordnet.

Der **Gewöhnliche Beifuß** ist zwar eine alte Heilpflanze, doch für müde Füße ungeeignet. Der Name Beifuß hat mit dem Fuß nichts zu tun. Vielmehr ging er aus dem mittelhochdeutschen „biboz", das so viel wie „stoßen" bedeutet, hervor. In der Küche wurden fettreiche Gerichte mit zerstoßenem Beifuß gewürzt. An Gänsebraten und gefüllter Beifuß-Ente durfte das Kraut nicht fehlen. Denn seine ätherischen Öle, Bitter- und Gerbstoffe unterstützen die Fettverdauung. Gleichzeitig regte er den Appetit an. Daher wird das Kraut auch gern in einem Aperitif gereicht. Ein Beifuß-Aperitif ist schnell angesetzt. Man gibt zwei bis drei Esslöffel getrockneten Beifuß in eine Karaffe und übergießt ihn mit 750 ml Sherry (sweet oder medium). Danach muss er, ab und zu geschüttelt, ein paar Tage auf der warmen Fensterbank stehen. Anschließend abgeseiht, ist der Aperitif für das nächste üppige Mahl fertig.

Vierblättrige Einbeere
Paris quadrifolia

- **Dreiblattgewächse**
- **Mai bis Juni**
- **15 – 30 cm**

Merkmale

Blütenstängel kahl; meistens vier Blätter, elliptisch lanzettlich, im Quirl; Blüte über dem Blattquirl, Blütenblätter lanzettlich, schmal, gelbgrün; Frucht blauschwarze Beere.

Unterirdisch auf Wanderschaft

Die Vierblättrige Einbeere ist leicht an ihren vier im Quirl stehenden Blättern zu erkennen. Ihre Rhizome wachsen waagerecht durch den humosen Boden und bilden jedes Jahr an der Spitze eine neue Knospe. Aus dieser entwickelt sich im Folgejahr der Laubspross. Die Pflanze wandert auf diese Weise stetig voran.

In Europa ist die giftige **Vierblättrige Einbeere** eine weit verbreitete Pflanze der nährstoffreichen Laubwälder. Ihr lateinischer Gattungsname *Paris* wird auf sehr unterschiedliche Weise gedeutet. Die einen beziehen ihn auf den homerischen Paris, der die undankbare Aufgabe erhielt, den Streit der Göttinnen Hera, Aphrodite und Pallas Athene zu entscheiden, welche von ihnen die Schönste sei. Den Siegespreis, einen goldenen Apfel, stiftete Eris, die Göttin der Zwietracht. Paris entschied sich für Aphrodite, die ihm die schöne Helena versprach, und löste dadurch den Trojanischen Krieg aus. Die runde Frucht der Einbeere verglich man mit dem Eris-Apfel. Etwas weniger spektakulär ist die zweite Deutung des Namens. Sie geht schlicht auf das lateinische „par“, was so viel wie „gleich“ bedeutet, zurück und bezieht sich auf die Regelmäßigkeit der Blätter und Blütenteile.

Mit 237 Farbfotos von Hecker (71 o., 82 o.), Hecker/Dr. Sauer (30 o., 62 o.), Jacobi (22 o., 102 o.), König (14 o.), Laux (37 o., 38 o., 46 o., 50 o., 56 u., 68, 71 u., 79 M., 80 o., 88 o., 105 u., 118 o.), Marktanner (22 u.l., 47 u., 65 u., 73 o., 74 o., 90 o., 91 alle, 95 u., 105 o., 106 o.), Pforr, E. (15 o.), Pforr, M. (1, 7, 13 u., 15 u., 16 u.l., u.r., 25 o., 27 o., 28 o., 35, 36 u.l., u.r., 42 alle, 44 o., 52 o., 53 M., 54, 57 u., 61 o., 62 u., 64 o., 66 o., 67 u., 75 alle, 76 o., 77 M., 80 u., 83 u., 84 o., 99 o., 100 u.l., u.r., 101 u., 107 u., 110 u., 111 o., 112 alle, 113 u., 115 o., 117 u., 118 M., 119 o., 121 u., 122 u.), Pott (8/9, 10 u., 20, 21 u., 25 u., 27 u., 29 u., 32 alle, 33 u.r., 40 o., 45 u., 47 o., 48 o., 50 u.r., 52 u., 53 u., 56 o., 61 u., 63 o., 66 u., 72 u., 77 o., 78 o., 82 u., 87, 92 u., 93 u., 98, 100 o., 101 o., 102 u., 104 o., 108/109, 109, 114 alle, 122 o.), Reinhard-Tierfoto/Reinhard, N. (5, 11 u., 24 u.l., u.r., 31 o., 78 u., 103 o., u.r., 104 o.), Reinhard-Tierfoto/Reinhard, H. (3, 4 u., 10 o., 12 alle, 13 o., 14 u., 18 u., 19 alle, 23 alle, 26 alle, 28 u.r., 29 o., 30 u., 33 o., u.l., 34/35, 36 o., 39 u., 42 o., 43 u.l., u.r., 44 u., 46 u., 48 u., 49 u., 51 u., 53 o., 59, 60 o., 64 u., 69 o., 70 o., 74 u., 76 u., 81 M., 84 u., 88 u., 92 o., 93 o., 94 u., 96 o., 97 u., 103 u.l., 111 u., 115 u., 116, 118 u., 119 u.), Schönfelder (55 o., 73 u., 90 u.), Schmidt (31 u.), Vogt (11 o., 17 u., 51 o., 55 u., 65 o., 67 o., 79 u., 81 u., 83 o., 85 o., 97 o., 106 u., 110 o.), Wagner (16 o., 17 o., 22 u.r., 45 o., 70 u., 72 o., 79 o., 85 u., 89 o., 95 o., 104 u., 120 o., 121 o.), Willner (4 o., 9, 18 o., 21 o., 24 o., 37 u., 38 u., 39 o., 40 u., 42 u., 49 o., 50 u.l., 57 o., 58/59, 60 u.l., u.r., 63 u., 69 u., 77 u., 81 o., 86/87, 89 u., 94 o., 99 u., 107 o., 113 o., 117 o., 120 u.), Zeininger (28 u.l., 96 u.), Zepf (43 o.) sowie einer Farbzeichnung von Marianne Golte-Bechtle.

Umschlaggestaltung von eStudio Calamar, Pau, unter Verwendung von vier Farbdias von Laux (Narzisse), Pforr, M. (Hunds-Rose) und Reinhard-Tierfoto (Kornblume, Sumpf-Dotterblume)

Bibliografische Information Der Deutschen Bibliothek
Die Deutsche Bibliothek verzeichnet diese Publikation in der Deutschen Nationalbibliografie; detaillierte bibliografische Daten sind im Internet über http://dnb.ddb.de abrufbar.

Informationen senden wir Ihnen gerne zu

Bücher · Kalender · Spiele · Experimentierkästen · CDs · Videos
Natur · Garten & Zimmerpflanzen · Heimtiere · Pferde & Reiten · Astronomie · Angeln & Jagd · Eisenbahn & Nutzfahrzeuge · Kinder & Jugend

KOSMOS Postfach 106011
D-70049 Stuttgart
TELEFON +49 (0)711-2191-0
FAX +49 (0)711-2191-422
WEB www.kosmos.de
E-MAIL info@kosmos.de

Gedruckt auf chlorfrei gebleichtem Papier

ISBN 3-440-09549-5
Lektorat: Dr. Sigrun Künkele, Carsten Schröder
Produktion: Siegfried Fischer / Lilo Pabel
Grundlayout: eStudio Calamar
Printed in Czech Republic / Imprimé en République tchèque

KOSMOS

Erlebnis Natur

„Was blüht denn da?“

Aichele/Golte-Bechtle
Das neue Was blüht denn da?

448 Seiten, 938 Farb- und 96 s/w-Illustrationen, Klappenbroschur

ISBN 3-440-07244-4
€ 17,90; €/A 18,40; sFr 30,50

Der Bestseller unter den Pflanzenführern! Mit 748 Wildpflanzen in brillanten Farbzeichnungen, nach Blütenfarben eingeteilt – so lassen sich die mitteleuropäischen Blütenpflanzen leicht und sicher bestimmen.

Bestimmen Sie mühelos die 230 häufigsten einheimischen Blütenpflanzen – nach der Blütezeit! Monat für Monat finden Sie schnell und sicher die aktuell blühende Pflanze. Große Farbfotos zeigen alle wichtigen Bestimmungsmerkmale.

Dreyer/Dreyer
Was blüht im Frühling, Sommer, Herbst und Winter?
ISBN 3-440-09132-5
€ 14,90; €/A 15,40; sFr 25,80

Alle Gartenpflanzen fürs heimische Klima! Über 2.500 Pflanzenbeschreibungen und 1.000 Bilder erklären, welche Gewächse Sie im eigenen Garten pflegen können und wie das geht.

Wolff/Throll (Hrsg.)
Die Mein schöner Garten Enzyklopädie der Gartenpflanzen
ISBN 3-440-09629-7
€ 29,90; €/A 30,80; sFr 50,30

www.kosmos.de

Preisänderung vorbehalten